AF465341

CONJECTURES PHYSIQUES SUR DEUX COLOMNES DE NUË QUI ONT PARU DEPUIS QUELQUES ANNÉES,

& ſur les plus extraordinaires effets du Tonnerre.

Oratorii Parisiensis Catalogo inscriptus 1742

Avec une explication de ce qui s'eſt dit juſques icy des Trombes de mer.

Et une nouvelle addition, où l'on verra de quelle maniére le Tonnerre tombé nouvellement ſur une Egliſe de Lagni, a imprimé ſur une nappe d'Autel, une partie conſidérable du Canon de la Meſſe.

par le P. Lamy Bened.

A PARIS,
Chez la Veuve de SEBASTIEN MABRE-CRAMOISY, Imprimeur du Roy, ruë Saint Jacques, aux Cicognes.

M. DC. LXXXIX.
AVEC PERMISSION.

BIBLIOTHÈQUE DE L'ARSENAL

8° S. 6453

AVERTISSEMENT.

REmarquez, que quoy-qu'il y ait plusieurs années que ces Méteores ont paru, l'Auteur de ces conjéctures en parle comme s'ils ne venoient que d'arriver; parce que ce fut dés le temps mesme auquel ils parurent qu'il écrivoit ces conjéctures.

Le Tonnerre nouvellement tombé à Lagny a donné lieu à l'addition qu'on a mise à la fin de ce petit Ouvrage. Il servira à confirmer le public dans les conjéctures qu'on a tirées de celuy de Soissons; & on sera bien aise en mesme temps d'y voir les effets les plus singuliers & les plus bizarres du Tonnerre.

LA

LA COLOMNE DE NUË,

OU

CONJECTURE PHYSIQUE sur la nature d'un Météore, qui sous la forme d'une Colomne de nuë parut dans le voisinage de Reims le 10. Aoust 1680.

DESSEIN.

I. ON est peu d'accord aujourd'huy sur l'usage qu'on doit faire de la Philosophie naturelle dans les matiéres de la Religion.

II. Il y en a qui ne veulent rien croire que ce qu'ils peuvent ajuster avec les foibles lumiéres de la raison, qui rapportent indifferemment aux mesmes principes les effets de la nature & ceux de la grace ; qui s'imaginent que nos mystéres ne pourroient subsister sans les notions de leur Philosophie, & d'une Philosophie souvent fort extravagante, & qui font enfin tellement dépendre la Religion de la science humaine, qu'ils se persuadent qu'il faut renoncer à l'une ou à l'autre, dés qu'on apperçoit entre elles quelque ombre d'opposition.

III. Les autres au contraire prétendent que c'est ignorer & la Philosophie & la Religion, que de croire que l'une se puisse expliquer par l'autre ; que rien n'est plus contraire à la Religion que la supposition de quelques principes naturels à l'évidence desquels on doive indifféremment rapporter les effets de la nature & ceux de la grace; que la ſcience humaine ne pouvant rendre raiſon que des choſes naturelles, ne peut élever noſtre eſprit à la connoiſſance du moindre effet de la grace ; enfin, que la ſcience humaine & la ſcience de la Religion n'eſtant ni de meſme genre, ni fondées ſur les meſmes principes, rien ne peut eſtre plus contraire à la raiſon, que de vouloir faire ſervir les ſciences humaines à l'explication de nos myſtéres.

IV. On n'a garde d'entreprendre icy d'accommoder ce différend : un deſſein de cette nature demanderoit & plus d'étenduë que cét écrit n'en permet, & plus d'habileté qu'on n'en a. Les parties pourront peut-eſtre d'elles-meſmes ſe raprocher quelque jour, en remettant quelque choſe de leurs prétentions.

V. Mais en attendant, ne ſeroit-ce point un milieu raiſonnable que de dire en faveur des uns qu'à la vérité l'uſage de la ſcience humaine n'eſt nullement néceſſaire ni à l'établiſſement de la Religion, ni à ſon affermiſſement, ni à la défenſe des dogmes, mais qu'elle y peut eſtre de quelque utilité ; & que quelque différence qu'il y ait des principes de la ſcience humaine à ceux de la Religion, cela n'empeſche pas qu'aprés avoir receû, ſur la ſeule parole de Dieu, les véritez révélées, on ne puiſſe faire ſervir la Philoſophie ou à leur éclairciſſement, ou à faire voir qu'elles ne ſont pas contraires à la raiſon, ou enfin à la découverte des véritez qui en dépendent ?

VI. Et ne ſeroit-ce pas aſſez donner aux autres, que d'ajoûter en leur faveur, que nonobſtant cette utilité qu'on peut tirer de la Philoſophie, on ne doit pas prétendre meſurer au meſme pied les choſes ſurnaturelles & celles de la nature, ni comprendre univerſellement les unes & les autres ſous les meſmes idées & les meſmes termes ; qu'il faut uſer de beaucoup de retenuë pour ne pénétrer pas trop curieusement dans l'explication des mystéres, ou mesme pour ne s'y engager pas mal à propos ; & qu'enfin on doit estre encore plus réservé à tirer les conséquences, afin de ne les pas outrer, & de ne leur donner pas, comme on ne fait que trop souvent, plus d'autorité qu'il ne faut, en les égalant aux principes ?

VII. C'est une pensée dont on laisse le jugement aux habiles.

VIII. On peut cependant assûrer, que si jamais l'usage de la Philosophie est permis, c'est particuliérement lors qu'il s'agit de s'opposer à des extravagances populaires, de guérir des terreurs paniques, de dissiper de vaines imaginations, de résister aux visions chimériques d'une multitude insensée, & d'enlever mille sentimens superstitieux, qui à l'aspect des Phénomenes extraordinaires que le Ciel fait quelquefois paroistre, saisissent la pluspart des esprits peu versez dans la science des causes naturelles.

IX. C'est précisément le cas qui engage aujourd'huy à philosopher, & à faire usage du peu qu'on a de connoissance de la Physique.

X. Un de ces Phénomenes a depuis peu paru dans le voisinage de Rheims, & il n'en a pas fallu davantage pour produire, je ne dis pas simplement dans l'esprit du peuple, mais dans celuy de personnes d'ailleurs assez raisonnables, mille impressions pareilles à celles dont on vient de parler, c'est-à-dire, ridicules, extravagantes, superstitieuses.

XI. Il faut avoûër néanmoins, que si ces foiblesses pouvoient recevoir quelque excuse, on la trouveroit dans la rareté de ce Phénomene; car il est vray qu'on ne sçait si depuis la fameuse Colomne de nuë qui conduisit autrefois les Israélites dans le desert, il a rien paru de plus ſurprenant ſur la terre, puis qu'effectivement c'en eſtoit une apparemment peu différente, quant à la figure, de celle dont parle le texte ſacré. Ce qu'il y a de conſtant, eſt que les peuples de Champagne auroient eû peine à s'accoûtumer à ce ſpéctacle, puis qu'il jetta l'alarme & l'épouvante dans le cœur de preſque tous ceux qui le virent de prés, & qu'un jeune homme en fut tellement ſaiſi de frayeur, qu'il en mourut en deux fois vingt-quatre heures.

XII. Ce que l'on dira pour l'explication de ce Météore, pourra ſervir de remède à de ſemblables impreſſions, & de préſervatif contre de pareilles foibleſſes; car quoy-que l'hipotheſe qu'on formera ne ſoit peut-eſtre pas préciſément celle ſelon laquelle ce Météore a eſté produit, elle ſervira toûjours à faire voir que cét effet a pû eſtre purement naturel, & qu'ainſi il n'y a que l'eſprit de ſuperſtition qui engage à y chercher du myſtére.

XIII. Pour garder quelque ordre dans cét écrit, nous commencerons 1° par la deſcription du Phénomene.

2°. Nous rapporterons les éclairciſſemens qu'on en a eûs, aprés une éxacte information.

3°. Enfin nous propoſerons noſtre conjécture.

CHAPITRE PREMIER.

Deſcription du Phénomene.

I. LE dixiéme d'Aouſt, ſur les cinq heures & demie du ſoir, le temps eſtant beau, & l'air n'eſtant meſlé que de quelques nuages répandus çà & là, qui n'empeſchoient pas que la plus grande partie de la campagne ne fuſt éclairée du ſoleil, m'eſtant trouvé ſur une éminence d'où l'on découvre une fort grande étenduë de païs, & qui forme à l'aſpect un demi-cercle dont le rayon eſt en pluſieurs endroits de prés de dix-huit lieuës, je mis la teſte à la feneſtre, & je n'eûs pas plûtoſt jetté les yeux ſur la plaine, que j'apperceûs à une lieuë de la maiſon où j'eſtois, & dans un endroit fort découvert & fort degagé de bois & de baſtîmens, l'apparence d'un fort grand fourneau, dont les flammes meſlées de fumées & de cendres formoient une eſpéce de piramide aſſez haute. Il eſt vray que ces flammes ne me paroiſſoient pas fort lumineuſes: mais j'attribuay ce defaut à l'action des rayons du ſoleil qui donnoient actuellement ſur la piramide.

II. La nouveauté d'un ſpéctacle ſi ſurprenant me faiſant penſer à ſes cauſes, mon admiration & mon embarras ne s'accrurent pas peu, lors que du faiſte de cette piramide j'apperceûs une eſpece de colomne de deux pieds de diamétre par le bas, qui diminuant imperceptiblement, s'élevoit jusques à une nuë un peu plus grande & plus épaisse que les autres, qui répondoit justement au dessus de la piramide.

III. Je dis jusques à la nuë; il y a si peu d'éxagération & d'illusion, qu'on voyoit sensiblement la nuë s'alonger en cét endroit pour recevoir & joindre cette colomne, & pour luy former une espéce de chapiteau; de sorte que comme la colomne estoit beaucoup plus lumineuse que la piramide, & de mesme couleur que la nuë qui estoit alors assez éclairée du Soleil & assez brillante, à regarder la colomne du costé de la piramide, on l'eust prise pour une grosse fusée volante qui s'élevoit jusqu'aux nuës; & à la considérer du costé de la nuë on l'eust prise pour la nuë mesme qui s'alongeoit jusqu'en terre. En voicy la peinture.

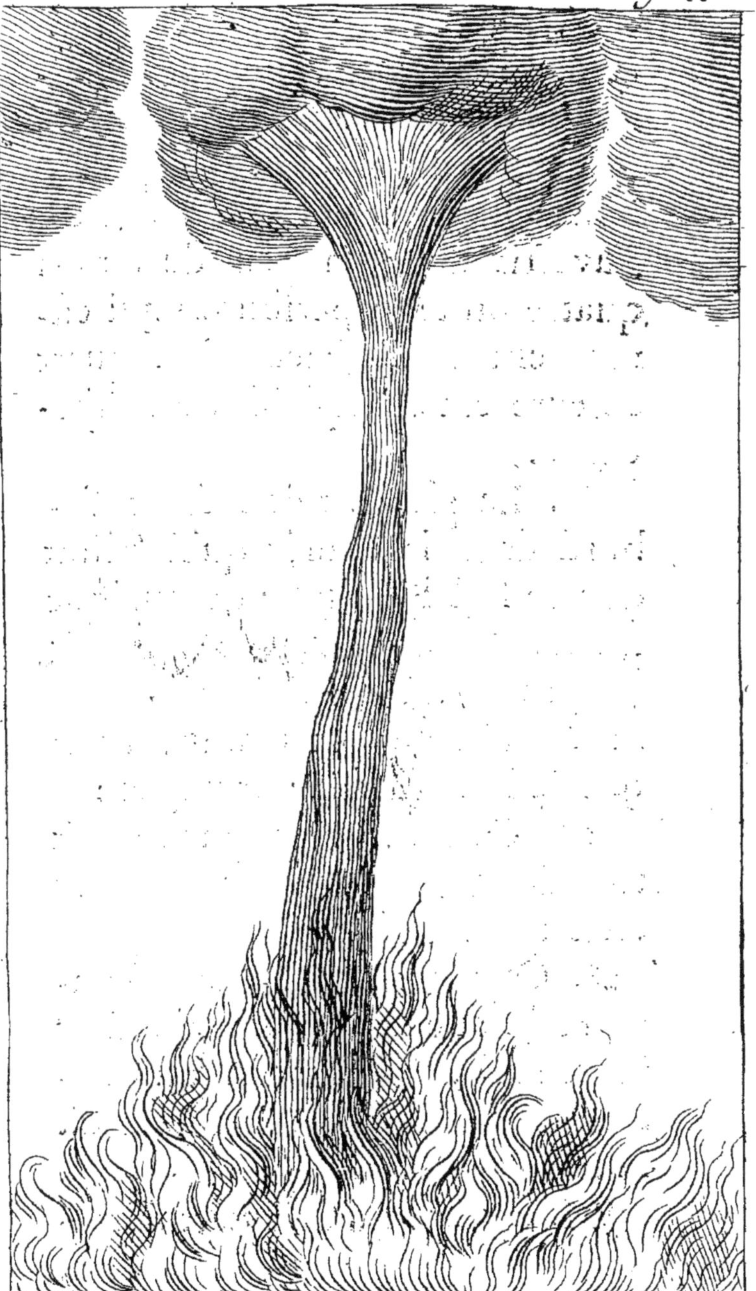

IV. Dans la ſurpriſe d'un ſpéctacle ſi nouveau, pouvant à peine en croire mes propres yeux, je penſay à les autoriſer par le témoignage de ceux des autres. J'avertis donc en peu de temps quatre ou cinq perſonnes qui eûrent encore l'eſpace d'un quart d'heure entiér le plaiſir de ce ſpéctacle.

V. La pluſpart donnérent d'abord dans la penſée qu'il falloit que ce fuſt l'incendie de quelque maiſon dont la fumée montoit juſqu'aux nuës; mais ils abandonnérent aiſément ce ſentiment dés que je leur eû fait remarquer:

1°. Que cette colomne eſtoit trop droite & trop uniforme pour eſtre une fumée.

2°. Que la piramide, la colomne & la nuë à laquelle elle eſtoit ſuſpenduë, avoient un mouvement aſſez ſenſible à peu prés du Nord au Sud.

VI. Au bout d'un quart d'heu-

re,

re, ce que j'avois appellé de ſpectateurs ayant eſté obligez de ſe retirer pour quelque affaire, je perſeveray au meſme poſte, dans l'eſpérance d'avoir, avec le temps, plus d'éclairciſſement ſur ce Phénomene. J'eûs du moins la ſatisfaction de le voir encore un grand quart d'heure, & je le conduiſis des yeux l'eſpace de plus de trois lieuës, juſqu'à ce qu'enfin il me fut dérobé par un orage que je voyois venir il y avoit plus d'un quart d'heure, & qui eſtoit porté d'un vent, non pas directement opposé à celuy qui portoit la colomne, mais qui concouroit avec luy dans un angle de prés de ſoixante degrez, dont le ſommet regardoit l'Orient.

VII. Je demeuray donc ainſi fort indéterminé ſur la nature de ce Météore; & quelque inſtance qu'on me fiſt pour m'obliger d'en dire mon ſentiment, mon unique réponſe fut que je le croyois fort naturel, mais que je n'en pouvois dire davantage, à moins que je n'en eusse observé les effets.

VIII. Il est vray que deslors il me vint dans la pensée que cette colomne pourroit bien avoir esté produite par un écoulement de la nuë, qui s'estant crevée par le bas, versoit ses eaux par cette ouverture, comme par une goutiére: mais parce que la vérité de cette conjécture dépendoit de l'inspection des lieux & de l'observation du détail des effets, je suspendis toutes mes veûës jusques à une plus ample information.

CHAPITRE II.

Eclaircissemens singuliers sur la nature du Météore.

I. DE's le lendemain de l'apparition de ce Phénomene, ayant appris de quelques paisans des quartiers où il avoit paru, qu'il avoit causé beaucoup d'effroy ; qu'un jeune homme en avoit esté tellement saisi, qu'il en gardoit le lit ; qu'on disoit avoir veû des choses surprenantes dans cette colomne, & qu'on en estoit furieusement alarmé : je me déterminay à me transporter sur les lieux, dans l'espérance d'y trouver quelque éclaircissement ; & je ne fus pas trompé dans mon attente.

II. Je visitay quatre villages qui avoient eû la veûë de ce Météore, & je me rendis à un cinquiéme sur lequel la colomne de nuë avoit passé. Je questionnay prés de vingt personnes de ceux qui avoient veû ce spéctacle, & je trouvay tout le monde dans une pareille alarme & une égale épouvante.

III. On me fit voit le jeune homme qui en avoit esté si vivement frapé : mais je n'en pû tirer nul éclairciſſement, parce que le ſaiſiſſement où il eſtoit luy oſtoit l'uſage de la parole; & il en mourut quelque temps aprés.

IV. Je n'aurois tiré guéres davantage de lumiére de tous les autres, ſi je m'en eſtois tenu à ce qu'ils m'en diſoient.

V. Les uns ne me parloient que des dragons enflammez dont cette colomne eſtoit pleine.

VI. Les autres avoient veû une échelle qui s'étendoit de la terre au ciel, & par laquelle des Anges montoient & deſcendoient.

VII. Il s'en trouva qui avoient veû une Croix auſſi haute que le Ciel, & un Chriſt attaché ſur cette Croix.

VIII. Ceux-cy avoient veû des animaux d'une eſpéce particuliére, ceux-là aſſeûroient que c'eſtoient des Démons.

IX. D'autres avoient eû des viſions auſſi extravagantes; & tous enfin, non-ſeulement le peuple qui ſe fait un plaiſir de trouver des myſtéres dans tout ce qui tient dé l'extraordinaire, mais des perſonnes meſme aſſez diſtinguées du commun, ne me parlérent de ce Météore que comme d'une choſe toute myſtérieuſe.

X. L'un de ceux-cy entre les autres, qui d'ailleurs a de l'eſprit, & qui s'eſtoit trouvé aſſez prés de la colomne, ne m'en voulut preſque parler qu'à l'oreille, me diſant qu'il falloit que les ſorciers & les démons fuſſent de la partie, & que ſeûrement il avoit veû une effroyable quantité de corbeaux dans cette colomne.

XI. De ſorte que la voix commune alloit à regarder ce Météore comme un de ces ſignes qui doivent ſervir de diſpoſition au jour du Jugement, ou du moins comme quelque choſe d'un tres-ſiniſtre augure, & d'un funeſte préſage.

XII. Cependant, comme ce

n'estoit pas là ce que je cherchois, aprés avoir fait mes efforts pour les rasseûrer, je m'informay quels effets ce Méteore avoit produits; quelles impressions il avoit faites dans les lieux où il avoit passé; s'il y estoit tombé de la pluye; de quelle grosseur & de quelle couleur la colomne leur avoit paru.

XIII. A ces questions, tous ceux qui avoient veû de prés ce Phénomene firent ces réponses.

1°. Que par tout où la colomne avoit passé, il y avoit eû un furieux tourbillon de vent, qui se faisoit également entendre par son bruit, & sentir par sa violence.

2°. Que ce tourbillon enlevoit à une fort grande hauteur les corps un peu mobiles qui se trouvoient sur sa route, & qu'il disloquoit ou ébranloit extraordinairement ceux qui avoient plus de consistence.

3°. Que l'on voyoit, dans les

champs, les javelles d'avoine enlevées à la hauteur des plus hautes maisons, & que le toit d'une grange en avoit mesme esté enlevé, ce que l'on me fit effectivement voir.

4°. Que ce vent n'avoit laissé aprés soy ni pluye, ni aucune humidité.

5°. Que la colomne leur avoit paru à peu prés de la grosseur de six pieds par le bas.

6°. Que sa couleur estoit la mesme que celle des nuës.

XIV. Ils ajoûtérent enfin qu'ils estoient fort heureux de ce que personne ne s'estoit trouvé précisément sur la route de ce vent, & que s'il y avoit eû quelqu'un, il n'en seroit pas réchapé.

XV. Ce que me confirmérent encore deux Bergers qui s'estoient alors trouvez à la campagne avec leurs troupeaux, assez prés de la route de cette colomne : car ils se félicitoient eux-mesmes de ce qu'elle n'avoit pas passé sur leurs troupeaux, asseûrant qu'il ne seroit pas resté un mouton en vie. Ils ajoûtoient qu'il leur estoit arrivé plusieurs fois, que de ces petits tourbillons de vents qui se forment quelquefois dans le milieu des plaines, & qui sont infiniment moindres que celuy de la colomne de nuë, s'estant formez auprés de quelques moutons, ils les avoient veûs enfler subitement, jusques à crever sur la place.

XVI. Je ne me contentay pas de ces éclaircissemens; & dans le dessein de connoistre, autant que je le pourrois, par moy-mesme, les impressions de ce Météore, je voulus observer sa route. Je n'eûs pas de peine à la trouver, & je ne fus pas hors du village, que j'en apperceûs une plus vaste que les plus grands chemins de France, & à peu prés de la largeur de cent pieds.

XVII. Je la suivis une grande demie-lieuë, & je reconnus la vérité de ce qu'on m'avoit déja dit, ſçavoir :

1°. Que ce tourbillon avoit tellement raſé toutes les terres nouvellement labourées, ou un peu mobiles, qu'il n'y paroiſſoit nul veſtige de charruë, & qu'il ſembloit qu'on euſt pris plaiſir à les ballier, & à les applanir.

2°. Que toutes les aveines qui ſe trouvérent ſur ſa route, (comme il s'y en trouva quantité) ou furent abſolument terraſſées, ſi elles n'avoient pas encore eſté coupées ; ou ſi elles l'avoient eſté, comme effectivement la pluſpart l'eſtoient, qu'elles furent tellement diſſipées & diſperſées, qu'à peine en trouvoit-on deux brins enſemble, & tranſportées ſi loin, que ſouvent j'en trouvois davantage dans des champs où il n'y en avoit point eû cette année, que dans ceux d'où elles avoient eſté enlevées.

Cette diſſipation d'aveine fut ſi réelle, que je rencontray ſur cette route des Fermiers, qui eſtant venus avec trois chariots pour recueillir leurs aveines, & n'en trouvant pas de quoy former une ſeule gerbe, furent obligez de s'en retourner à vuide.

XVIII. Aprés tous ces éclairciſſemens, je crus avoir aſſez de jour pour former une conjécture; & voicy quelle elle fut.

CHAPITRE III.

Conjécture Phyſique ſur la nature de ce Météore.

POur donner à une conjécture Phyſique toute la vrayſemblance qui la peut rendre recevable; il ſemble qu'on ne puiſſe mieux faire que de former une hypotheſe ſimple, claire, nette, qui n'enferme rien que ce que tout le monde ſçait eſtre, ou pouvoir eſtre dans la nature, & qui dans ſa ſimplicité rende raiſon de tous les effets qu'on prétend expliquer.

C'eſt ſuivant cette régle, qu'on croit en avoir imaginé une aſſez propre à expliquer tout ce qui a paru de plus ſurprenant dans le Météore qu'on vient de décrire.

On commencera par propoſer & établir cette hypotheſe, & puis on en fera l'application aux effets.

ARTICLE I.

Propoſition de l'hypotheſe, avec ſon établiſſement.

I. POur ne tenir pas plus long-temps les eſprits en ſuſpens, ma penſée eſt que ce ſurprenant Météore a eſté produit par une eſpéce d'*Eolipile* qui s'eſt formé dans les nuës.

II. Cela eſt bientoſt dit : mais

il faut l'expliquer, & l'établir; & comme on eſt bien-aiſe de rendre les choſes intelligibles, & meſme ſenſibles à tout le monde, il eſt à propos de commencer par quelques obſervations générales ſur la nature des nuës & des vents, & puis on fera voir la formation de l'Eolipile.

III. On ſçait bien que ces obſervations ne ſeroient pas néceſſaires aux ſçavans: mais il faut s'ajuſter à la portée de tout le monde; ceux à qui elles ſeroient incommodes n'auront qu'à paſſer pardeſſus.

SECTION I.

Obſervations générales ſur la nature des nuës & des vents.

OBSERVATION I.

Les nuës. I. IL eſt peu de gens qui ne ſçachent que la matiére la plus ordi-

ordinaire des nuës sont les vapeurs, c'est-à-dire, ces parties insensibles de l'eau, qui dégagées les unes des autres par l'action de la chaleur, & élevées jusques à la moyenne region de l'air, y sont raliées par une action toute contraire; & là, partagées en diverses portions, forment ces grands corps qu'on appelle nuës.

OBSERVATION II.

II. Quoy-que la matiére principale des nuës soient les vapeurs, cela n'empesche pas qu'il ne s'y mesle des exhalaisons, c'est-à-dire, des parties insensibles d'huile terrestre & de soufre; & que cellescy dégagées d'abord les unes des autres, & raliées en suite dans la moyenne région de l'air, ne puissent faire corps à part, & former de legers nuages.

OBSERVATION III.

III. Comme ces nuës sont fort

différentes dans leur figure, dans leur volume, dans l'arrangement plus ou moins ſerré de leurs parties, en un mot, dans leur peſenteur; auſſi doivent-elles eſtre ſituées à d'inégales diſtances de la terre. Elles ne doivent pas ſe trouver toutes dans le meſme plan, mais plûtoſt ſe diſpoſer par étages les unes au-deſſus des autres, ſelon le plus ou le moins de leur peſanteur.

C'eſt ce que la raiſon enſeigne; & ceux qui ne voudroient pas l'en croire, n'auroient pour s'en convaincre qu'à ouvrir les yeux en plein jour, car cette diſpoſition de nuës eſt ſouvent ſi ſenſible, qu'on les voit agitées par des vents contraires paſſer les unes au-deſſus des autres ſans ſe choquer.

OBSERVATION IV.

Les vents.

IV. Pour les vents, tout ce qu'il y a aujourd'huy d'habiles Phyſiciens conviennent que leur matiére principale ne différe de celle des nuës que par ſon agitation; c'eſt-à-dire, que ce ſont des vapeurs, leſquelles agitées par une chaleur extraordinaire, & tendant par ce mouvement à ſe répandre dans un eſpace beaucoup plus grand que celuy où elles ſe trouvent reſſerrées, forcent leurs priſons, & s'échapent par toutes les iſſuës où elles trouvent moins de réſiſtance; & cela avec d'autant plus de rapidité, que le mouvement de celles qui ſortent eſt composé de l'effort & de tout l'empreſſement que celles qui ſont encore renfermées font pour ſortir.

V. Cette deſcription ſe juſtifie par tout ce que nous connoiſſons de maniéres ſenſibles dont les vents s'excitent, ſoit que ces maniéres ſoient artificielles ou naturelles.

VI. Entre les artificielles, l'*Eolipile* eſt la plus fameuſe : c'eſt une eſpéce de bouteille d'airain, ou d'autre métail, de figure ronde, & dont l'ouverture eſt tres-petite, telle qu'on la voit icy repréſentée.

Pag. 28.

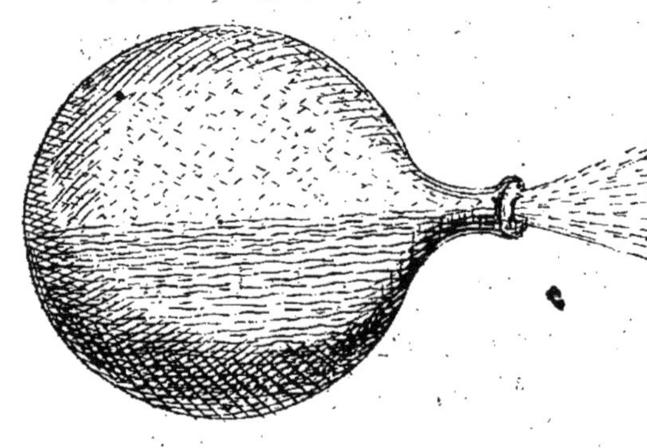

On verſe de l'eau dans cette bouteille environ juſques à la moitié de ſa capacité; puis on la met ſur le feu, dans la ſituation où elle eſt icy repréſentée : l'eau n'en a pas plûtoſt ſenti la chaleur, qu'elle s'exhale en vapeurs; & celles-cy augmentant à tous momens en quantité & en mouvement, tendent par l'une & par l'autre à se répandre dans un espace beaucoup plus grand que celuy de cette bouteille; & ainsi faisant effort pour sortir, toutes les forces dont elles se choquent & se pressent conspirent ensemble à chasser violemment par la petite ouverture les parties qui en sont les plus proches, & à produire un vent qui ne cesse point que toute l'eau ne se soit évaporée, ou qu'elle n'ait perdu sa chaleur.

OBSERVATION V.

VII. Et ce qu'il y a de remarquable en ce vent, c'est qu'il se fait sentir en trois maniéres.

1. A la veüë, parce que les vapeurs se pressant pour s'échaper, leurs parties se trouvent à la sortie de la bouteille, assez proches les unes des autres pour reflechir la lumiére.

2. A l'oüie, par le bruit qu'elles font en sortant.

3. Au toucher, parce qu'elles ont assez d'agitation & de force pour ébranler les fibres des parties du corps auquel elles s'appliquent.

OBSERVATION VI.

VIII. La nature nous fournit une infinité de ces Eolipiles naturels. A peine peut-on estre un demi-quart d'heure devant le feu, sur tout lors qu'il est de bois un peu vert, sans en voir une fort grande quantité ; car pour peu qu'il reste de séve ou d'humidité dans ce bois, dés qu'elle est échaufée, elle s'exhale en vapeurs ; & celles-cy faisant effort pour s'étendre, & pour s'échaper des pores du bois, prisons trop étroites pour leurs mouvemens, elles suivent les routes où elles trouvent moins de résistance ; & comme la plusspart du bois est percé, ſelon ſa longueur, d'une infinité de tuyaux qui s'étendent d'un bout à l'autre, c'eſt par ces chemins couverts que les vapeurs coulant comme des torrens juſques à l'extrémité du bois, forment à la ſortie un vent d'autant plus violent, que la chaleur eſt plus grande, & que les canaux par leſquels elles ont coulé, ont eſté plus étroits & plus longs. Car tout le monde ſçait que les liqueurs redoublent leur mouvement à meſure que le canal par lequel elles coulent, eſt plus étroit & plus long.

OBSERVATION VII.

IX. Ce n'eſt pas là le ſeul Eolipile que le feu nous fournit; il en fait voir quantité d'autres dans les pommes qu'on fait cuire peu à peu, dans les marons, dans les pois, & dans mille autres ſujets.

OBSERVATION VIII.

X. Les montagnes dans le creux desquelles il y a des eaux, qui par des feux sousterrains s'échauffent de temps en temps, forment des Eolipiles beaucoup plus grands, & dont les vents sont bien d'une autre force & d'une autre étenduë

XI. Enfin l'on peut asseûrer qu'on ne sent presque jamais de vent dans la nature qui ne parte de quelque espéce d'Eolipile.

XII. Ces choses ainsi supposées, je dis qu'il me paroist tres-vray-semblable que la colomne de nuë a esté produite par un Eolipile qui s'estoit formé dans la nuë; & voicy de quelle maniére je conçois que cela s'est fait.

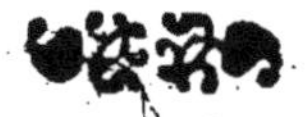

SECTION II.

Formation d'un Eolipile dans les nuës.

I. POUR former un Eolipile, il faut quatre ou cinq choſes.

1. Une eſpéce de vaſe.
2. De l'eau.
3. Du feu.
4. Que ce feu enleve & agite les vapeurs.
5. Une ouverture pour donner paſſage aux vapeurs.

II. Or il eſt aiſé de concevoir de quelle maniére tout cela a pû ſe trouver dans les nuës.

1. Pluſieurs nuës eſtant diſpoſées par étage les unes audeſſus des autres, de maniére qu'un nuage d'exhalaiſons ſe ſoit trouvé entre deux nuës de vapeurs, ſelon ce qui a eſté dit dans la troiſiéme obſervation, il a pû arriver qu'un vent chaud ayant ſouflé ſur la

ſuperficie de la nuë ſupérieure, en aura fondu & ſubitement reſſerré les parties, de ſorte que cette nuë devenuë beaucoup plus peſante, s'eſtant précipitée bruſquement ſur la plus baſſe, le nuage d'exhalaiſons ſe ſera trouvé enfermé entre deux nuës de vapeurs.

III. Je dis enfermé, car il faut remarquer que comme ces grands corps ne ſont pas infléxibles, & qu'ils peuvent plier dans les endroits où ils ſouffrent plus d'effort, les parties de la nuë ſupérieure qui doivent, en tombant, ſe joindre les premiéres à la nuë inferieure, ſont les extrémitez; parce que l'air qui ſe trouve en ces endroits ayant moins de chemin à faire pour s'échaper, leur cede aiſément la place, pendant que le milieu demeure ſouſtenu par une fort grande quantité d'air & d'exhalaiſons qui ſe trouvent en ſon chemin : & ainſi ces deux nuës eſtant jointes par les bords pendant qu'elles sont encore écartées par le milieu, c'est une nécessité que ce qu'il y a pour lors d'air & d'exhalaisons entre l'une & l'autre s'y trouve d'abord enfermé comme dans une espéce de balon ou de vase.

IV. Nous avons un éxemple fort familier de cét effet. Lors qu'on jette sur l'eau un drap mouillé, comme en l'étendant car l'expérience fait voir qu'il s'enferme d'ordinaire entre l'eau & le drap une fort grande quantité d'air qui souleve le drap en forme de voute, & qui n'en sort point qu'on ne luy fasse quelque ouverture en levant l'une des extrémitez.

V. Voilà donc entre deux nuës de vapeurs un nuage d'exhalaisons enfermé. Mais comme l'effort dont ce nuage a esté pressé par la chute de la nuë supérieure a esté grand, il faut qu'il en soit arrivé deux ou trois effets tres-considérables.

1. Que ces exhalaiſons ayent pris feu, ou du moins qu'elles ſe ſoient extraordinairement échauffées.

2. Que ce feu ou cette chaleur agiſſant ſur les parties intérieures des deux nuës, en ayent détaché quantité de vapeurs.

3. Que ces vapeurs trop geſnées dans cette priſon, ſe ſoient fait une ouverture pour en ſortir.

Examinons en détail ces trois effets.

VI. A l'égard du premier, tout le monde ſçait qu'un mouvement violent eſt capable d'enflammer, ou du moins d'échaufer extraordinairement une exhalaiſon. Toute la difficulté eſt de ſçavoir lequel des deux ſera arrivé à noſtre Météore: mais on peut prendre ſur cela quel parti l'on voudra, avec un égal ſuccés, l'un & l'autre s'ajuſtant également bien avec les Phénomenes, comme nous le ferons voir dans la ſuite.

VII.

VII. Pour le ſecond effet, il n'eſt rien de plus naturel. La matiére principale des nuës (ſelon la premiére obſervation) eſtant les vapeurs, & des vapeurs figées les unes auprés des autres, on conçoit aiſément qu'un feu renfermé entre deux nuës doit diſſoudre & détacher ces vapeurs.

VIII. Enfin, le troiſiéme effet eſt trop intelligible par tout ce que nous avons obſervé des Eolipiles tant artificiels que naturels, pour avoir beſoin d'une plus grande explication. Tout ce qu'il y a à faire eſt d'examiner de quel coſté ces vapeurs ainſi agitées & renfermées ſe ſeront fait ouverture.

IX. A cela, il me paroiſt clair, premiérement, que cette ouverture n'a pas deû ſe faire par la nuë ſupérieure, parce que nous la ſuppoſons plus ſerrée & plus condenſée que l'inférieure.

X. 2. Elle ne s'eſt pas faite non plus par les extrémitez. La raiſon que je n'en imagine pas ſimplement, mais qui effectivement eſt réelle, c'eſt que ces nuës eſtant batuës en meſme-temps de deux vents preſque oppoſez, ceux-cy ont deû les condenſer ſur les bords, & les rendre moins pénétrables par ces endroits. Outre que par la chaleur du Soleil dont cette nuë eſtoit éclairée, il s'eſt pû former tout autour une eſpéce de crouſte ou d'écorce de glace, qui la rendoit moins pénétrable.

XI. 3. Reſte donc que l'ouverture ſe ſoit faite par la nuë de deſſous, laquelle réſiſtant moins par le milieu que vers les bords, aura deû ſe crever à peu prés en cét endroit.

XII. Or l'ouverture eſtant une fois faite, il eſt viſible que les vapeurs par l'effort deſquelles la nuë a eſté ainſi crevée ont deû ſortir par cette ouverture avec un étrange effort, & produire ainſi un vent furieux.

XIII. Voilà donc un Eolipile parfaitement formé dans les nuës, & voilà enfin l'hypothese avec laquelle nous prétendons expliquer toutes les circonstances de nostre Phénomene.

XIV. Si cette hypothese a paru jusques icy assez simple & assez claire, il y a lieu d'espérer qu'elle recevra un nouvel éclat par l'application que nous en allons faire aux moindres effets & aux plus petites circonstances de nostre Météore.

ARTICLE II.

Application de l'hypothese aux effets & aux circonstances du Météore.

IL faut commencer par faire un dénombrement de ces effets & de ces circonstances, & puis nous en donnerons l'explication suivant l'hypothese.

SECTION I.

Dénombrement des effets & des circonstances du Météore.

CEs effets & ces circonstances se peuvent aisément recueillir de ce que nous avons dit.

1. Il parut une colonne qui s'élevoit de la terre jusques aux nuës.

2. Elle estoit de mesme couleur que la nuë qu'elle alloit joindre, c'est-à-dire, d'un bleu pasle, mais brillant & transparent en plusieurs endroits.

3. Cette colonne paroissoit de deux pieds de diamétre à la regarder d'une lieuë loin, & de six pieds à la voir de prés.

4. Elle alloit en diminuant depuis le bas jusques à trois ou quatre pieds prés de la nuë.

5. A cét endroit la colonne commençoit à s'élargir, & continuoit ainsi jusques à la nuë, qu'elle joignoit tellement qu'il

sembloit que la nuë s'alongeast pour la recevoir, & pour luy former une espéce de chapiteau.

6. Cette colonne portoit par tout où elle passoit un vent tres-violent & assez sec.

7. Elle excitoit un tourbillon furieux, qui faisoit sur la terre une impression de prés de cent pieds de largeur, & qui enlevoit à une grande hauteur tous les corps un peu mobiles qui se trouvoient sur sa route.

8. Une piramide comme de flammes, de couleur orangée, servoit de piédestail à la colonne.

9. Cette piramide n'estoit pas constante dans sa forme : elle diminuoit ou s'augmentoit alternativement ; & on la voyoit mesme quelquefois diminuer, jusques à disparoistre tout-à-fait.

10. La piramide, la colonne & la nuë avoient un mouvement uniforme à peu prés du Séptentrion au Midy.

11. Elle faisoit prés d'une lieuë de chemin en un quart-d'heure.

12. Elle nous a paru l'espace de trois quarts-d'heure, jusqu'à ce qu'elle ait esté envelopée par l'orage qui venoit à sa rencontre.

SECTION II.

Explication de ces Phénomenes.

Explication du premier.

I. IL n'y a presque pas lieu de douter que la colonne de nuë qui a paru n'ait esté formée par le corps de la vapeur, qui sous la forme d'un vent se répandoit de la nuë jusques en terre, comme l'on a fait voir au chapitre 3. art. 1. section 2. nombre 12.

Explication du deuxiéme Phénomene.

II. A l'égard de la couleur de la colomne, on prévoit assez qu'elle fera naistre des difficultez dans l'esprit de bien des gens. On ne manquera pas de dire que si cette colomne n'avoit esté que du vent, il seroit bien étrange qu'elle eust esté colorée & visible, puis que tout le monde sçait que le vent ne se voit point, & qu'ainsi l'on ne peut marquer sa couleur.

III. Mais il sera aisé de revenir de ce préjugé, si l'on fait distinction entre le vent prés de sa source, & le vent lors qu'il en est éloigné.

IV. Lors que le vent est éloigné de sa source, comme les parties de la vapeur qui le composent sont alors fort écartées les unes des autres, qu'elles ne s'opposent pas au passage de la lumiére, & qu'elles ne la refléchissent pas, ce n'est pas merveille si le vent n'est pas visible.

V. Mais lors que le vent est prés de sa source, comme les parties de la vapeur sont fort serrées,

& que la lumiére ne peut plus passer au travers, il faut qu'elle reflechisse, & que par sa réflexion elle nous apporte l'image de la vapeur, & qu'ainsi elle la rende visible.

VI. Tout ce que nous avons d'éolipiles domestiques justifient cette vérité, ainsi que nous l'avons remarqué au commencement de ce Chapitre, Artic. 1. Sect. 1. Observation VII.

VII. Le vent mesme que nous soufflons par la bouche devient visible en hyver, parce qu'alors le froid resserrant les parties de la vapeur qui sort de la bouche, les met en estat de reflechir la lumiére.

Explication du troisiéme Phénomene.

VIII. La difference de la grosseur sous laquelle la colomne a paru, regardée de loin & de prés, n'a rien de difficile. Tout le monde sçait qu'à mesure que les objets ſont éloignez de la veüë, l'image qui s'en traſſe dans le fonds de l'œil eſt plus petite.

Explication du quatriéme Phénomene.

IX. La colonne a deû aller en diminuant peu à peu depuis la terre juſques auprés de la nuë, parce que la vapeur qui en ſortoit, a deû aller en s'élargiſſant, depuis la nuë juſques à la terre.

Deux cauſes ont deû contribuër à cét élargiſſement.

1. La réſiſtance continuelle de l'air que la vapeur devoit déplacer en deſcendant: car cette réſiſtance a deû diminuer un péu la violence dont elle deſcendoit, & ainſi écarter un peu les filets dont elle eſtoit compoſée; & cét écart a deû eſtre plus grand vers la terre, parce que l'air y eſtant & plus épais & plus condenſé par l'effort de la vapeur, luy a deû auſſi faire plus de réſiſtance.

2. La détermination differente que ces filets de vapeur ont eûë en sortant de la nuë; car comme ils passoient d'un lieu assez vaste à un autre encore plus spacieux, par une ouverture fort étroite, ils ont deû faire effort pour en sortir en divers sens & différentes déterminations, les uns tendant à sortir de droit à gauche, les autres de gauche à droit, & ainsi du reste: ce qui a deû les rendre plus écartez les uns des autres, à mesure qu'ils s'éloignoient de leur source.

Explication du cinquiéme Phénomene.

X. La raison par laquelle la colonne a deû paroistre s'élargir de bas en haut, à trois pieds prés de la nuë, c'est que ce qu'on voyoit en cét endroit, n'estoit pas la vapeur seule; car s'il n'y eust eû que la vapeur, la colonne auroit deû paroistre diminuer précisément jusques à la nuë, par les raisons que l'on vient d'alléguer dans le nombre précedent; mais c'estoit effectivement un allongement de la nuë, qui formoit à cét endroit une espéce d'entonnoir par lequel couloit la vapeur.

XI. On n'aura pas de peine à concevoir comment cét entonnoir se sera formé, si l'on se souvient de ce que nous avons déja dit, *Chap. 8. art. 1. sect. 2. nomb. 8.* que les nuës ne sont pas des corps infléxibles, & qu'elles peuvent plier & ceder à un grand effort; car comme nous avons supposé que la vapeur par son effort s'estoit ouvert un passage dans la nuë, il est aisé de comprendre que l'endroit où s'est faite cette ouverture *Sect. 2. nomb. 5. 8.* ayant esté le plus foible, a d'abord plié, jusques à s'alonger en forme d'entonnoir, & qu'enfin il a crevé.

XII. Et il ne faut pas s'imaginer qu'aprés cette ouverture,

la partie de la nuë qui s'estoit ainsi alongée, ait deû se retirer & se remettre en son premier estat; car la vapeur continuant à y passer avec la mesme violence, a deû s'opposer à cét effet, & entretenir toûjours cette espece d'entonnoir qui servoit de chapiteau à la colonne.

Explication du sixiéme Phénomene.

XIII. On a déja dit que ce qui formoit la colonne n'estoit que du vent. Reste à expliquer sa violence & sa sécheresse.

XIV. 1. Comme la sécheresse dépend de la violence, parceque plus un vent a de force, & plus il est propre à enlever tout ce qu'il y a d'humidité dans les sujets sur lesquels il passe, nous nous attacherons particuliérement à prouver cette violence.

XV. 2. Trois circonstances contribuënt à rendre un vent violent,

lent, ou du moins à le faire ſentir tel.

1. La force de la chaleur.

2. L'abondance des vapeurs.

3. Le voiſinage de la ſource du vent.

Et ces trois circonſtances ſe ſont trouvées dans noſtre Méteore.

XVI. 1°. Pour commencer par la derniére, il eſt viſible que la diſtance de la terre à la nuë d'où ſortoit le vent, n'eſtoit pas fort grande, & qu'ainſi les ſujets ſur leſquels elle paſſoit en eſtoient trop voiſins pour n'en eſtre pas furieuſement agitez.

XVII. 2°. L'abondance des vapeurs a deû eſtre tres-grande, parce que la matiére des nuës eſt beaucoup plus diſpoſée à ſe diſſoudre & à s'évaporer, que celle de l'eau toute pure.

XVIII. 3°. Enfin à l'égard de la chaleur, on ne peut douter que les exhalaiſons qui ſe ſont trouvées renfermées entre ces deux nuées, ne se soient ou enflammées, ou du moins extraordinairement échaufées par la violence du coup dont la nuë supérieure les a frapées en tombant.

XIX. De plus, pour peu que ces exhalaisons ayent eû de chaleur, elles ont deû agir sur les nuës avec assez de force ; 1°, parce qu'elles estoient immédiatement appliquées aux parties qu'elles devoient dissoudre en vapeurs ; 2°, parce qu'estant renfermées, leur chaleur n'avoit pas tant de lieu de se dissiper.

XX. Il ne faut donc pas craindre qu'il n'y ait pas eû assez de chaleur ; il y auroit plûtost lieu d'appréhender qu'il n'y en eust eû trop ; & l'on prévoit bien que c'est ce qui détournera bien des gens de croire que l'exhalaison se soit enflammée. Ils ne manqueront pas de dire, 1°, que si cela avoit esté, la flamme auroit tout d'un coup fondu ou dissipé la nuë, & qu'ainsi ce Météore n'auroit pas duré si long-temps. 2°, que cette flamme auroit deû s'échaper en forme de pelotons, par l'ouverture de la nuë, comme il arrive dans le tonnerre.

XXI. Mais nul de ces inconvéniens ne doit empescher de prendre le parti de l'inflammation des exhalaisons, si l'on considére qu'il y en a de plusieurs espéces, & qu'il s'en trouve de si grasses, si soufrées, & avec cela si serrées qu'elles ne brûlent que fort lentement; & que leur flamme est si peu active, qu'elle n'est capable que de raser le poil d'un homme sans luy brûler la peau, ainsi qu'on le voit quelquefois dans des chutes de tonnerre.

XXII. Supposé donc que l'exhalaison qui s'est trouvée enfermée dans l'Eolipile dont nous parlons ait esté de cette nature, il est visible, 1°, qu'elle n'a deû dissoudre les nuës en vapeurs que peu à peu ; 2°, elle n'a pas deû ſortir en boule de feu comme la foudre dans le tonnerre, parce que la vapeur ayant commencé la premiére à ſortir, elle a deû empeſcher que l'exhalaiſon ne ſortiſt en ſi grande abondance.

XXIII. Mais ce qui me paroiſt tres-probable, c'eſt que cette exhalaiſon graſſe ait coulé le long de la vapeur ſous la forme d'une flamme légére, qui n'avoit pas d'autre mouvement, ni d'autre détermination que celle de la vapeur meſme.

XXIV. Nous avons des éxemples tres-fréquens de cecy dans nos éolipiles domeſtiques ; car l'on voit tres-ſouvent que dans le temps que les vapeurs ſortent ainſi avec violence du bout d'un tiſon, ſi la flamme en eſt proche, elle s'élance, & ſuit le mouvement & la détermination de cette vapeur, de ſorte qu'elle paroiſt comme un vent de flamme.

XXV. Mais, dira-t-on, la colomne de nuë ne paroissoit pas enflammée.

XXVI. J'ay déja dit qu'elle paroissoit d'un bleu pasle, & qu'elle estoit assez brillante en quelques endroits. Or supposé que l'exhalaison ait esté souffrée, comme il y a bien de l'apparence, la colomne, quoy-que teinte de cette exhalaison enflamée, n'a pas deû paroistre d'une autre couleur.

XXVII. J'ajouste que quand la flamme en auroit esté aussi claire que celle de la plus belle cire, elle n'auroit pas deû paroistre autrement que ce qu'elle nous parut; parce que le grand jour & le Soleil mesme donnant dessus, devoit en ternir l'éclat & le brillant. Qu'on expose la flamme d'une chandelle au soleil, à peine y apperçoit-on quelque éclat. Mais je ne doute pas que si nostre colomne de nuë eust esté veûë de nuit, elle n'eust paru enflammée.

Explication du septiéme Phénomene.

XXVIII. A l'égard du tourbillon de vent qui ſuivoit la colomne, & des effets qu'il produiſoit, il n'eſt rien de plus aiſé que de les expliquer ; car le vent qui a crevé la nuë de deſſous en eſtant ſorti, & s'eſtant précipité vers la terre avec la violence que nous avons dit, a deû refléchir à ſa rencontre, & remonter en piroûëtant.

XXIX. Il eſt vray qu'il a deû d'abord s'écarter un peu à la ronde en gliſſant ſur la terre ; car ſi les filets des vapeurs dont il eſtoit composé, s'écartoient, comme nous avons dit, à meſure qu'ils s'éloignoient de la nuë, ils ont deû à la rencontre de la terre s'écarter encore davantage dans le ſens qu'ils avoient commencé, & gliſſer ainſi à la ronde ſur la ſurface de la terre.

XXX. Et c'eſt par écart qu'on peut comprendre de quelle maniére ce vent faiſoit en paſſant ſur la terre une impreſſion de prés de cent pieds.

XXXI. Que l'on ſouffle de la bouche ſur une table où il y ait de la pouſſiére, & l'on verra que quoy-que l'ouverture par laquelle le vent ſort, ait à peine deux lignes, on écartera la pouſſiére d'un eſpace à peu prés rond, dont le diametre aura peut-eſtre plus de deux pieds, & par là on trouvera moins étrange que le vent qui ſortoit de la nuë, peut-eſtre par une aſſez petite ouverture, ait fait ſur terre une impreſſion d'une ſi grande étanduë.

XXXII. Elle auroit encore eſté plus grande ſans la réſiſtance de l'air; mais enfin celuy-cy extrémement condenſé par la chute continuelle de la vapeur, aura deû par l'égale réſiſtance qu'il faiſoit de toutes parts, obliger celle ey à reflechir, à remonter en circulant comme dans un tuyau, & à former ainsi un tourbillon à peu prés comme nous en voyons se former quelquefois dans les tuyaux de nos cheminées ; car c'est une loy que la nature observe inviolablement, qu'une liqueur mise en mouvement estant empeschée par la résistance des corps environnans, de le continuer en ligne droite, le convertit en un mouvement circulaire.

XXXIII. Aprés cela on ne s'étonnera pas que ce vent enlevast à une fort grande hauteur la poussiére, les javelles d'aveine, & tout ce qu'il rencontroit de mobile, & qu'il ait mesme enlevé de sa place le toit d'une grange ; car tous ces corps devoient ceder à la force dont ce vent rejaillissoit, & suivre mesme sa détermination.

Explication du huitiéme Phénomene.

XXXIV. Quant à la Piramide qui servoit de piédestal à la colonne, il est visible qu'elle n'a esté formée que par la poussiére, les pailles, & les autres corps que le tourbillon enlevoit: mais il y dans ce Phénomene trois ou quatre circonstances qu'il faut déveloper.

XXXV. Car, 1°, la raison par laquelle cette poussiére & ces corps ainsi enlevez formoient plûtost une figure piramidale qu'aucune autre, est que ces corps suivoient la détermination de la vapeur qui remontoit, & que celle-cy rejaillissoit dans des lignes qui toutes ensemble formoient une espéce de piramide; car cette vapeur estant tombée à terre, & y ayant glissé à la ronde jusqu'à une certaine distance, ainsi que nous avons dit, vaincuë enfin par la résistance de l'air, & ne pouvant continuer son mouvement en ligne droite, a deû remonter ; mais ſon mouvement s'affoibliſſant toûjours de plus en plus, elle a deû, en remontant, ſe raprocher du centre de la colomne par des lignes inclinées, ou plûtoſt par des lignes ſpirales, parce qu'elle remontoit en circulant.

XXXVI. 2°, cette Piramide a deû paroiſtre de couleur orangée ; parce que la pouſſiére répandue dans l'air, & éclairée du Soleil, comme celle-là l'eſtoit alors, doit paroiſtre de cette couleur.

XXXVII. 3°, elle a deû auſſi imiter en quelque façon la figure de la flâme : car comme les parties de la pouſſiére que ce tourbillon enlevoit, eſtoient d'une ſolidité fort inégale, elles ont deû monter inégalement haut ; & ainſi les unes eſtant hautes & les autres baſſes, les unes montant pendant que les autres deſcendoient, cela a deû produire un boüillonnement & des figures aſſez ſemblables à celles de la flamme.

XXXVIII. 4°, on peut voir dans cette Piramide & dans ces figures irréguliéres que produisoient les flots de ce vent & de cette poussiére agitée, le fondement de ces imaginations populaires & de ces visions extravagantes dont nous avons parlé au commencement, c'est-à-dire, qu'elles n'avoient pas d'autre fondement que celuy qu'ont les enfans d'imaginer dans les nuës des soldats, des chevaux, des chariots, & des armées entiéres.

Explication du neuviéme Phénomene.

XXXIX. La raison de l'inconstance de la Piramide est l'inégalité du terrain sur lequel la colomne passoit; car quand elle estoit sur quelque prairie où il y avoit peu de corps à enlever, la Piramide devoit diminuër & presque disparoistre, comme au contraire ſur les ſablons & les terres labourées, elle devoit eſtre dans ſa plus grande hauteur.

Explication du dixiéme & onziéme Phénomenes.

XL. 1°, pour le mouvement de la Piramide & de la colomne du Septentrion vers le Midy, il venoit uniquement du mouvement de la nuë à laquelle elles eſtoient attachées, & le mouvement de cette nuë en ce ſens eſtoit infailliblement cauſé par un vent de Nord.

XLI. 2°, quant à la vîteſſe du mouvement de la colomne & de la nuë, elle dépendoit de la force du vent qui pouſſoit celle-cy.

Explication du douziéme Phénomene.

XLII. Le Phénomene qui paroiſt le plus difficile à expliquer, eſt la durée de cette colomne; car on on a de la peine à comprendre qu'une nuë qui ne paroissoit pas fort grande, ait pû fournir si long-temps à un si grand & si violent tourbillon.

XLIII. Mais on se delivrera aisément de cette difficulté, si l'on considere:

1. Que quoy-que la nuë n'occupast pas beaucoup d'espace en largeur, elle en pouvoit tenir beaucoup en hauteur, & estre fort épaisse.

2. Que l'eau changée en vapeurs occupe en cét estat deux ou trois mille fois plus d'espace que lors qu'elle retient la forme de l'eau.

3. Que les vents, en quelque façon opposez, dont la nuë estoit batuë, pouvoient ramener & rallier sur cette nuë de nouvelles vapeurs, à mesure qu'il s'en dissipoit par un autre endroit.

CONCLUSION.

1. VOILA ce qu'on a pû penser de plus vray-semblable sur ce Phénomene. On ne doute pas que de plus habiles gens ne forment de plus justes conjectures quand ils y voudront penser. On sera toûjours bien aise d'y avoir donné lieu par cét écrit.

2. On croit cependant en avoir assez dit, pour dissiper ces terreurs paniques dont le peuple se laisse saisir à la veûë de ces sortes de spectacles, & pour bannir ces pensées & ces sentimens superstitieux ausquels des esprits d'ailleurs assez raisonnables, mais peu éclairez sur les choses naturelles, se laissent emporter.

PENSÉE
sur la colomne de nuë des Israélites.

I. ON ne sçait mesme si ce que l'on vient de dire de cette colonne de nuë ne pourroit point ſervir à expliquer quelques circonſtances de cette fameuſe colonne dont Dieu ſe ſervit autrefois pour conduire les Iſraélites dans le deſert.

II. Ce n'eſt pas qu'on ne la croye miraculeuſe en bien des maniéres, ſon mouvement & ſon repos ſi reglez & ſi proportionnez aux forces des Iſraélites; ſon diſcernement à leur marquer le chemin; la voix qui en ſortoit quelquefois, & par laquelle Dieu s'expliquoit avec Moïſe; ſa durée de quarante ans : tout cela ne pouvoit pas eſtre naturel.

III. Mais c'eſt qu'il eſt bon d'épargner à Dieu les miracles autant qu'on le peut: ce n'eſt pas qu'un miracle luy couſte plus que ce que nous appellons naturel, l'un & l'autre ne luy couſtant qu'une parole ; mais c'eſt qu'il agit d'ordinaire par les voyes les plus ſimples, & qu'effectivement nous voyons qu'il fait ſervir, autant qu'il est possible, la nature à ses volontez & à ses desseins.

IV. S'il faut produire du vin aux noces de Cana, il y fait servir l'eau. S'il faut produire des pains pour rassasier un grand peuple dans le desert, il veut qu'on luy donne du moins quelques pains, comme pour servir de levain à ce grand nombre qu'il vouloit produire.

V. Mais voicy un exemple qui a plus de rapport avec nostre sujet.

VI. Lors que Dieu s'engageant solennellement à ne plus envoyer de deluge sur la terre, dît à Noé que pour marque autentique de son engagement, il feroit paroistre son arc dans les nuës ; qui n'auroit jugé que cét arc auroit deû estre quelque chose de surnaturel & de miraculeux ? Cependant presque tous les Interpretes conviennent qu'il est purement naturel, & que c'est celuy qui nous paroist ſi ſouvent, qui paroiſſoit meſme avant le deluge, & que nous appellons communément Arc-en-ciel ; mais que Moïſe a appellé plus proprement arc dans les nuës, parce qu'effectivement c'eſt dans les nuës qu'il nous paroiſt, & qu'il réſulte des goutes de pluye dans leſquelles les nuës ſe réſolvent.

VII. Quelle raiſon ont donc eû les Interpretes de ne pas croire que Dieu ait créé un arc tout nouveau ? C'eſt qu'ils ont jugé plus raiſonnable de penſer qu'il s'eſtoit ſervi de celuy que la nature luy fourniſſoit ; & que d'un ſigne naturel qu'il eſtoit auparavant, il en avoit fait un ſigne ſurnaturel.

VIII. Ne pourrions-nous donc point dire auſſi que puiſque la nature nous fournit des colonnes de nuë, Dieu ſe ſervit, en faveur des Iſraélites, de ce que la nature luy fourniſſoit, & qu'ainſi la colonne qui les conduiſoit dans le deſert eſtoit aſſez ſemblable, du moins quant à la matiére & à la forme, à celle que l'on vient de décrire.

IX. Il n'y auroit eû qu'à changer la violence du vent qui accompagnoit celle-cy, en un vent plus modéré, & qui loin d'incommoder les Israélites ne leur auroit servi que de remede contre les ardeurs de ces Zones torrides de l'Arabie par lesquelles Dieu les conduisoit.

X. La nuë qui auroit pû estre beaucoup plus grande que celle que nous venons de décrire, les auroit encore défendus des rayons du Soleil de midy; & par là l'on entend aisément comment cette colonne, qui n'estoit pas fort grosse, a pû, conformément à ce que dit l'Ecriture, défendre les Israélites des ardeurs du Soleil; ce qui a paru incroyable à plusieurs Interpretes.

XI. Enfin nostre hypothese nous fournit encore de quoy expliquer un des Phenomenes les plus embaraſſans de la colonne des Iſraélites : car ſur ce que l'Ecriture dit que cette colomne eſtoit de nuë ſur jour, & de feu la nuit, quelques-uns ont avancé qu'il y avoit eû deux colonnes ; l'une pour le jour, & l'autre pour la nuit. D'autres ont cru que le feu qui paroiſſoit la nuit, n'eſtoit qu'apparent, & non pas réel. Mais n'avons-nous pas fait voir * que noſtre colonne qui ſur jour paroiſſoit de la couleur de la nuë, auroit deû paroiſtre enflammée pendant la nuit ? C'eſt cependant une ſimple penſée qu'on laiſſe au jugement des habiles.

*Derniére ſection nombre XXIII. XXIV. XXV. XXVI. & XXVII.

ADDITION
OÙ
SUR LES MESMES PRINCIPES,

& suivant la mesme hypothese on explique tout ce que les Journaux des Sçavans des mois d'Avril & de Juin de l'année 1682. rapportent des trombes de mer, dont il est parlé dans les voyages de M. Thevenot.

PLus de deux ans aprés avoir écrit ces conjéctures, un de mes amis m'ayant fait voir dans les Journaux des Sçavans des mois d'Avril & de Juin de l'année 1682. quelques extraits des Voyages de Monsieur Thevenot où il est parlé de Phénomenes assez semblables à nostre colonne de nuë, j'en suis demeuré agréablement ſurpris. J'ay bien vû que ces Phénomenes ne ſont pas ſi rares que je l'avois crû ; & aprés avoir comparé la figure de noſtre colonne avec la figure de ces trombes qu'on voit dépeintes dans le Journal, j'ay jugé que toute la difference qu'il y avoit des unes aux autres eſtoit que noſtre colonne a paru ſur la terre, & que ces trombes ſe forment ſur la mer ; & j'ay temoigné que je ne doutois point que celles-cy ne ſe formaſſent de la meſme maniére, & par les meſmes cauſes que j'ay alléguées pour la formation de celle-là.

Mais cette propoſition n'ayant pas paru évidente à mon ami, il m'a engagé à la juſtifier par écrit, & à faire l'application de ma conjecture, ſur noſtre colonne de nuë, à ce que l'Auteur du Journal rapporte des circonſtances de ces trombes de mer ; & c'eſt ce que je vas eſſayer de faire, commençant par rapporter de mot à mot toutes ces circonſtances de la meſme maniére qu'elles ſont exprimées dans le Journal ; & puis je les expliqueray ſuivant la conjécture & l'hypotheſe que j'ay formée pour l'explication de la colonne de nuë.

Deſcription des circonſtances & des effets que rapporte le Journal dans les meſmes termes qu'il les rapporte.

1°. LEs trombes ſe forment pendant les tempeſtes.

2°. On voit d'abord l'eau bouillonner, & s'élever au deſſus de la ſurface d'environ un pied.

3°. Audeſſus de cette élevation d'eau on voit paroiſtre comme une fumée noire un peu épaiſſe.

4°. Du milieu de la fumée il s'éleve comme un canal, qui a aſſez de reſſemblance à une fumée qui monte aux nuës.

5°. Quelquefois on voit plusieurs canaux, qui venant fondre des nuës sur ces endroits, forment autant de trombes en attirant l'eau de la mer.

6°. Ces canaux paroissent d'une couleur blafarde, & ne se rendent ainsi visibles que quand ils sont pleins d'eau, car lors qu'ils en sont vuides ils disparoissent.

7°. Ces canaux se plient & s'inclinent selon l'impulsion du vent, de sorte que le vent emportant les nuës ausquelles ils sont attachez, ils ne s'en détachent pas, mais ils s'alongent pour les suivre comme feroit un boyau qu'on tire.

8°. On voit souvent que selon que le vent presse l'eau par en haut ou par en bas dans les canaux, ils s'étrecissent par un bout, & grossissent par l'autre, & souvent mesme tout le canal s'enfle, & devient aussi gros qu'un muid.

9°. Lors que ces trombes commencent

mencent à ſe diſſiper, on voit le canal s'étrécir peu à peu, prés de la ſurface de la mer, & enfin s'en détacher entiérement.

10°. Ces trombes en ſe formant excitent un bruit ſourd ſemblable à celuy que fait un torrent qui roule dans un profond valon, & enſuite elles excitent un bruit plus aigu, approchant du ſiflement de ſerpent ou d'oyes.

11°. Si ces trombes viennent à tomber ſur un vaiſſeau, elles ſe meſlent dans ſes voiles de telle ſorte, que quelquefois elles l'enlevent, ſur tout quand c'eſt un petit baſtiment, & le laiſſant enſuite retomber, elles le coulent à fonds; & ſi elles ne l'enlevent pas, elles en rompent du moins les voiles, ou bien laiſſent tomber dedans toute l'eau qu'elles contiennent, ce qui les fait perir.

12°. Pour ſe garantir de ce mal, les matelots ont couſtume d'entortiller tous les voiles, & de tirer quelques coups de canon chargé d'une barre de fer, dont ils taschent de couper ce canal; & s'ils y réussissent, on voit aussitost l'eau tomber du canal avec grand bruit.

Explication de ces Phénomenes.

Explication du I.

QUAND on aura bien compris ce que nous avons dit en expliquant le septiéme Phénomene de nostre colomne, du furieux tourbillon de vent qui l'accompagnoit, de l'impression qu'il faisoit sur la terre, & de l'étenduë qu'il y occupoit, on ne s'étonnera pas que ces trombes dont parle le Journal, se forment dans le temps des tempestes, puis que le tourbillon de vent qui les doit accompagner, comme il accompagnoit nostre colonne, est seul capable d'exciter la tempeſte dans l'endroit où il ſe forme.

Mais il faut remarquer de plus, que ce qui cauſe ce tourbillon, peut encore cauſer & augmenter la tempeſte d'une autre maniére.

Nous avons veû que ce qui cauſe ce tourbillon eſt la chute d'une nuë ſur une autre, d'où il ſe forme un Eolipile qui ſe fait jour par la nuë inférieure.

Il ſe peut donc fort bien faire que la meſme cauſe qui aura fait ainſi tomber une nuë ſur une autre, en faſſe tomber quantité d'autres qui ſeront ſur le meſme plan; & cela eſt meſme preſque inévitable: de ſorte que ſoit que ces nuës en tombant rencontrent en leur chemin d'autres nuës, ou qu'elles n'en rencontrent pas; ſoit qu'en rencontrant quelques-unes elles faſſent avec elles des Eolipiles, ou qu'elles n'en faſſent pas, elles doivent extrémement augmenter la tempeſte.

Car premiérement, ſi rencontrant une nuë en leur chemin, elles forment avec elle un Eolipile, celuy-cy ſe faiſant jour par la nuë inférieure, cauſera ſur les eaux un furieux tourbillon de vent; & ainſi on pourra en meſme temps voir pluſieurs trombes, & ſentir pluſieurs tourbillons de vent.

2. Si rencontrant une nuë en leur chemin, elles ne forment pas avec elle un Eolipile, elles chaſſeront, du moins avec violence, vers la terre, tout l'air qu'elles rencontreront, juſqu'à ce qu'elles ayent joint la nuë inférieure; & cét air deſcendant ainſi bruſquement ſur les eaux, & meſme un peu obliquement, à cauſe de la rencontre de la nuë inférieure, augmentera, & meſme diverſifiera un peu la tempeſte.

3. Enfin, quand ces nuës en deſcendant ainſi ne rencontreroient point d'autres nuës en leur chemin, elles cauſeroient toûjours,

& augmenteroient la tempeſte, en pouſſant violemment & directement ſur la ſurface des eaux l'air qu'elles trouveroient en leur chemin.

Explication du ſecond Phénomene.

Le vent ſortant avec impétuoſité de la nuë comme de ſon Eolipile, & tombant directement ſur les eaux, y doit produire deux effets différens; car 1, il les doit enfoncer, & produire par ſon preſſement une eſpece de foſſe dans les endroits où il s'applique.

2. Mais parce qu'il ne peut produire cét enfoncement qu'en chaſſant les eaux à la ronde, & les ſoulevant audeſſus de leur niveau, & que d'ailleurs ces eaux ainſi déplacées font un continuel effort par leur peſanteur pour reprendre leur place & leur ſituaſion ordinaire; ce qu'elles ne peuvent faire ſans rencontrer les ſi-

lets de la vapeur qui continuë de descendre de la nue : il est naturel qu'elles glissent un peu le long de ces filets ; & ainsi il n'est pas surprenant qu'on les voye petiller, & s'élever d'environ un pied audessus de la surface de l'eau.

Mais il y a encore dans nostre systême une cause plus sensible de cét effet ; car comme nous avons dit dans l'explication du septiéme Phénomene de la colonne de nuë, que la vapeur qui sortoit de la nuë avec tant de violence, avoit deû à la rencontre de la terre estre obligée à réfléchir & à remonter en circulant, comme dans un tuyau : on peut bien penser que la mesme chose arrive avec quelque proportion sur la mer ; & aprés cela on n'aura pas de peine à comprendre que cette vapeur réjaillissant ainsi, fasse petiller & bouïllonner l'eau, & l'éleve mesme assez haut audessus de sa surface.

Explication du troisiéme Phénomene.

La vapeur ne peut réjaillir ainsi à la ronde, que depuis l'endroit où les eaux l'abandonnent, elle ne forme, demeurant ainsi seule & assez raréfiée, une espece de brouïllard, qui est ce que l'on prend pour une fumée noire un peu épaisse qui paroist audessus de l'élevation de l'eau.

Explication du quatriéme Phénomene.

Le canal qui paroist s'élever du milieu de la fumée, & monter ainsi jusqu'aux nuës d'une maniére assez semblable à la fumée, est formé par le corps de la vapeur qui descend de la nuë, & qui produit ainsi l'image d'un canal, ou d'une colonne ; & cette colonne doit paroistre plus ou moins claire ou obscure, à proportion qu'elle est plus ou moins éclairée du Soleil, ou plus ou moins transparente. Elle doit aussi paroistre s'élever du milieu de la fumée que nous venons de décrire dans le troisiéme Phénomene, parce que cette fumée n'est causée que par le rejaillissement de la vapeur, & que ce rejaillissement se fait également à la ronde depuis le centre de sa chute.

Explication du cinquiéme & sixiéme Phénomenes.

Comme il se peut former dans le temps des tempestes plusieurs Eolipiles dans les nuës, ainsi que nous l'avons remarqué dans l'explication du premier Phénomene des trombes de mer, on n'aura pas de peine à croire qu'on voit quelquefois sur mer plusieurs de ces canaux, qui fondant des nuës, forment autant de trombes.

On remarquera mesme, à l'avantage de nostre hypothese, ce que l'on dit icy, que *ces canaux fondoient des nuës* : car rien ne fait mieux voir la verité de ce que nous avons dit, que c'eſt la vapeur meſme laquelle s'échapant de la nuë & fondant juſqu'en terre, forme l'apparence d'un canal, ou d'une colonne.

Mais ce qu'on ajouſte, que *ces canaux attirent l'eau de la mer*, n'a point d'autre ſens raiſonnable que ce que nous avons dit en expliquant le deuxiéme Phénomene; ſçavoir que la vapeur, en rejailliſſant, peut élever l'eau juſqu'à une hauteur mediocre au-deſſus de ſon niveau : car de prétendre qu'il ſe faſſe un canal réel, par lequel, comme par une pompe, l'eau de la mer monte juſques aux nuës, c'eſt une imagination toute pure.

Ce qu'on ajouſte dans le ſixiéme Phénomene, que *quand ces canaux ſont pleins d'eau, ils paroiſſent d'une couleur blafarde*, & *qu'ils diſparoiſſent quand ils ſont vuides*, n'estant qu'une suite de la mesme imagination, n'a nul besoin d'éclaircissement.

Je diray seulement que pour rendre raison des diverses couleurs sous lesquelles ces colonnes & ces trombes peuvent paroistre, il suffit de considerer, 1. le plus ou le moins de vapeur dont elles sont composées. 2. Le plus ou le moins de condensation de cette vapeur. 3. Le plus ou le moins de lumiére dont cette vapeur est éclairée. Et 4. enfin les diverses combinaisons qui se peuvent faire de ces trois choses.

Car si par éxemple la vapeur est abondante, condensée & fort éclairée du Soleil, elle doit paroistre toute brillante; si la vapeur est moins abondante, plus rare & également éclairée des rayons du Soleil, elle doit paroistre d'une couleur blafarde; que si enfin les parties de la vapeur estant fort déliées & fort écartées les unes des autres, elles ne reçoivent que peu de lumiére, & n'en refléchissent que peu ou point, ces trombes ou ces colonnes doivent disparoistre.

Explication du septiéme Phénoméne.

Tout ce que contient ce septiéme Phénoméne ne sert qu'à faire voir la vérité de nostre hypothese.

Car, 1°, si ces canaux se plient & s'inclinent selon l'impulsion du vent, c'est qu'ils ne sont formez que de filets de vapeur, qui sont tres fléxibles, & cela seul devroit persuader que ces canaux ne sont pas solides, comme il semble qu'on se le figure dans la description qu'on en fait.

2°. Si ces canaux sont si fort attachez aux nuës qu'ils s'alongent pour les suivre, lors que le vent les emporte de maniére qu'ils ne s'en détachent jamais, c'est que ces canaux prennent leur source dans ces nuës, & qu'ainſi elles les forment & les produiſent par tout où elles paſſent ; de ſorte qu'il n'y a pas plus de ſujet de s'étonner que ces canaux ne ſe détachent pas de ces nuës voltigeantes, qu'il y en auroit d'eſtre ſurpris que le jet d'eau d'une fontaine artificielle n'abandonnaſt jamais cette fontaine de quelque rapidité qu'on la puſt tranſporter d'un lieu à un autre.

3°. Quant à ce qu'on ajoûte que *ces canaux s'alongent pour ſuivre ces nuës*, ce n'eſt encore qu'une éxagération toute pure. Ce qu'il y a de réel, c'eſt que les parties de la vapeur qui ſont une fois ſorties de la nuë, ne pouvant, par bien des raiſons, avancer auſſi viſte que la nuë, dans le ſens qu'elle ſe meut ; quand ces parties arrivent à terre, il s'en faut beaucoup qu'elles ne répondent perpendiculairement à l'endroit de la nuë d'où elles ſont ſorties ; & ainſi les parties de la vapeur qui ſont vers la terre,

terre, & celles qui ſont proche la nuë formant alors une eſpéce de trombe ou de colonne inclinée ; cette trombe doit paroiſtre s'alonger en la comparant avec ce qu'elle eſtoit avant que la nuë fuſt ainſi tranſportée. Car lors que la nuë eſtoit ſtable, la vapeur tomboit dans une ligne perpendiculaire, au lieu qu'elle tombe dans une ligne inclinée, quand la nuë ſe meut ; or tout le monde ſçait que des lignes, qui d'un meſme point tombent ſur un meſme plan, les inclinées ſont toûjours plus longues que les perpendiculaires.

Explication du huitiéme Phénomene.

Ce que contient ce huitiéme Phénomene eſt encore une ſuite naturelle de noſtre hipotheſe. Il n'eſt nullement beſoin, pour l'expliquer, ni de ſuppoſer *des canaux réels ſemblables à des boyaux, capables de s'alonger, de ſe retreſ-*

ſir, ou de s'enfler, ni *de l'eau dans ces canaux*, comme il paroiſt qu'on le ſuppoſe icy. Il ſuffit de ſçavoir que la matiére de ces trombes ou de ces colonnes n'eſt qu'une vapeur, laquelle s'échapant de la nuë avec violence, forme l'image d'un corps continu, étendu depuis la nuë juſques en terre. Car avec cela on comprendra aiſément que cette vapeur venant à eſtre foûétée de quelque vent horizontal, par en haut ou par en bas, doit ceder dans ces endroits, & faire paroiſtre ainſi ces colonnes, ou ces trombes plus étroites à un bout qu'à l'autre.

Quant à ce qu'on ajouſte, que *ſouvent tout le canal s'enfle, & devient auſſi gros qu'un muid*, cela prouve encore la fauſſeté de la ſuppoſition d'un canal réel, tel qu'on l'imagine : car de quelle matiére pourroit eſtre ce canal pour s'alonger, ſe retreſſir, ou ſe groſſir avec de tels excés ? nul des boyaux de Neptune n'est capable de ces bizares effets : mais ils s'expliquent aisément dans nostre hipothese ; car les vapeurs qui sont renfermées entre deux nuës, comme dans un Eolipile, devenant souvent dans la suite & plus abondantes & plus agitées que lors qu'elles ont commencé à sortir de cette prison, elles doivent aussi faire plus de violence pour en sortir ; & par cét effort, il est naturel que se faisant une plus grande ouverture dans la nuë que celle qu'elles s'estoient faite d'abord, elles en sortent aussi plus abondamment, & forment ainsi l'image d'un corps beaucoup plus gros que celuy qui paroissoit au commencement.

Explication du neuviéme Phénomene.

Lors que la vapeur enfermée entre deux nuës est considérablement diminuée, elle en doit sortir avec moins de violence ; & ainsi ayant moins de force pour déplacer l'air qu'elle rencontre en son chemin, elle doit estre & beaucoup affoiblie, & beaucoup diminuée quand elle arrive prés de la surface de la mer ou de la terre, & par conséquent le corps de la trombe ou de la colonne doit paroistre alors plus étroit en cét endroit, & il doit mesme se détacher entiérement de la surface de la mer ou de la terre, lors que le cours de la vapeur est tellement affoibli, que quoy-qu'elle ait encore assez de force pour sortir de la nuë d'une maniére sensible, elle n'en a pas assez, à cause de la résistance continuelle de l'air, pour arriver jusques sur la surface de la mer ou de la terre.

Explication du dixiéme Phénomene.

La mesme cause que nous avons veû qui fait bouïllonner l'eau de la mer, lors que ces trombes se forment, doit auſſi en meſme temps exciter ce *bruit ſourd*, dont il eſt icy parlé, ne ſe pouvant pas faire que l'eau boüillonne, ſans quelque bruit : mais le vent qui cauſe & le boüillonnement & le bruit venant à ſe fortifier à meſure qu'on voit le corps de ces trombes ſe former & s'augmenter, il faut auſſi que le boüillonnement des eaux devenant plus violent & plus élevé, *le bruit* qui en réſulte *devienne plus aigu*, & qu'*il approche meſme du ſiflement des ſerpens*.

Si l'on avoit de la peine à concevoir que la ſeule action du vent ſur les eaux puſt cauſer ces deux eſpéces de bruit, on pourroit s'en éclaircir, & ſe le perſuader par la conſidération de ce qui ſe paſſe dans ces roſſignols que l'on fait pour le divertiſſement des enfans. Leur matiére eſt la terre, ou le métail : leur figure eſt celle d'un oiſeau : le corps de cét oiſeau eſt creux ; on fait entrer de l'eau par deux ouvertures, dont l'une eſt vers le bec, & l'autre vers la queuë: on ſoufle par l'une de ces ouvertures, & le vent ſe reflèchiſſant ſur l'eau, & la faiſant bouïllonner; produit d'abord un bruit ſourd, ſi l'on ſoufle doucement: puis un bruit éclatant, ſi l'on ſoufle plus fort: & enfin un bruit plus ou moins aigu, à meſure qu'on ſoufle avec plus ou moins d'effort. Il eſt trop aiſé d'en faire l'application à noſtre Phénomene.

Explication de l'onziéme Phénomene.

Comme ces trombes, ou ces colonnes ſont toûjours accompagnées d'un tourbillon de vent, ainſi que nous l'avons tant de fois remarqué, il ne faut pas s'étonner de ce qu'on dit icy, que *lors qu'elles viennent à rencontrer un vaiſſeau, elles ſe meſlent dans ſes voiles de telle ſorte, que quelquefois elles l'enlevent, ſur tout quand il est petit, & que le laissant ensuite retomber, elles le coulent à fonds;* ou que *si elles ne l'enlevent pas, elles rompent du moins ses voiles.* Il n'y a rien en tout cela qu'un tourbillon de vent ne puisse faire, & l'on peut mesme ajoûter qu'il n'y a qu'un vent violent (tel qu'est celuy qui tombe perpendiculairement d'une nuë) qui puisse causer ces sortes d'effets: c'est pour cela que nous avons remarqué que le tourbillon de vent qui accompagnoit nostre colonne, enlevoit à une fort grande hauteur tout ce qu'il rencontroit d'un peu mobile, & qu'il avoit mesme enlevé le toit d'une grange; & ainsi nous ne pouvons avoir de plus solide confirmation de la vérité de nostre conjécture, que ce que renferme cét onziéme Phénomene.

Quant à ce qu'on ajoûte, que ces trombes *laissent quelquefois tomber dans les vaisseaux toute l'eau qu'elles contiennent, ce qui les fait périr*, cela ne doit s'entendre que, ou de cette élévation d'eau dont nons avons parlé dans l'explication du ſecond Phénomene de ces trombes, laquelle eſt quelquefois aſſez haute pour retomber dans les vaiſſeaux, ou meſme de la nuë à laquelle cette trombe eſt attachée, qui peut ſubitement ſe réſoudre en eau, & tomber ainſi en abondance, comme nous l'allons expliquer dans l'éclairciſſement du dernier Phénomene.

Explication du douziéme Phénomene.

Il y a icy deux circonſtances, dont l'une n'a rien que de fort intelligible, & n'eſt qu'une ſuite de noſtre hipotheſe, & l'autre a beſoin de quelque éclairciſſement.

La premiére eſt que pour prévenir les accidens dont on eſt menacé par ces trombes, les matelots commencent par entortiller tous les voiles. Il eſt viſible qu'on ne peut agir plus prudemment, s'il eſt vray, comme nous le ſuppoſons, que ces trombes ſoient toûjours accompagnées d'un tourbillon de vent ; car comme les voiles n'ont eſté inventées que pour donner priſe au vent, c'eſt oſter priſe au tourbillon de vent de ces trombes, que d'abbatre ou d'entortiller les voiles, & ainſi c'eſt s'aſſeûrer que du moins il ne les rompra pas, & qu'il aura moins de force pour enlever le vaiſſeau : mais je défie qu'en abandonnant noſtre hipotheſe, on puiſſe rendre une raiſon ſolide de l'utilité de cette précaution.

La ſeconde circonſtance eſt une autre précaution dont ſe ſervent les matelots, & elle conſiſte à tirer quelques coups de canon. Juſques-là cette précaution n'a rien que de fort raiſonnable, car comme les nuës d'où ſortent ces trombes ſont plus baſſes que les autres,

& qu'elles ſont meſme toûjours fort baſſes dans les temps de tempeſtes, il eſt viſible que l'ébranlement qu'un coup de canon cauſe dans l'air, doit ſervir ou à eſcarter ces nuës & les eſloigner du lieu où l'on eſt, ou à les réſoudre en pluye; & c'eſt pour cela qu'à l'armée, dans le temps de tonnerre, au lieu du ſon des cloches, on tire du canon avec aſſez de ſuccés.

Juſques-là donc cette précaution n'a rien que de juſte & d'utile : mais j'avoûë que je ne vois nulle raiſon de ce qu'on y ajoûte, *car il faut*, dit-on, *charger le canon d'une barre de fer, & tâcher de couper la trombe avec cette barre.* Et on aſſeûre que ſi on y réuſſit, on voit auſſitoſt tomber l'eau du canal avec grand bruit. Comme ces circonſtances me paroiſſent abſolument inutiles, la liaiſon de l'effet avec ces circonſtances me ſemble purement imaginaire.

Quelle liaiſon de bonne foy peut-on imaginer entre le paſſage d'une barre de fer au travers de ces trombes qui ſont étenduës depuis la mer juſqu'aux nuës, & la diſſipation de ces trombes ? Paſſez & repaſſez vingt fois un baſton, ou une barre de fer au traver d'un jet d'eau d'une fontaine, en ſubſiſtera-t-il moins, & viendrez-vous enfin à bout de le diſſiper par là ? Et n'eſt-il pas viſible que pour cela il faut aller à la ſource ?

Il en faut dire autant de ces trombes, puis qu'effectivement elles ne ſont que des jets de vapeurs, qui coulent des nuës comme de leur ſource.

Mais voicy ce que c'eſt : on veut que ces trombes ſoient de véritables canaux, que ce ſoit des boyaux étendus depuis la mer juſqu'aux nuës, & que le long de ces tuyaux l'eau de la mer monte effectivement juſqu'aux nues :

on devoit encore ajoûter, afin d'y porter des harangs, ce dernier n'eust pas esté moins croyable que le reste.

La vérité est qu'il n'y a nulle vraysemblance en tout cela: car enfin si ce sont des canaux réels & fléxibles comme des boyaux, que ne nous dit-on quelle est leur matiére, & quelle est leur cause? que ne nous en fait-on voir quelque morceau, car puis qu'on en a tant coupé avec ces barres de fer, au moins en devroit-on voir quelque partie? Je veux que dans le temps de la division, la nuë ait retiré la partie qui luy estoit attachée, au moins celle qui estoit au-dessous de la section, a deû n'estant plus soûtenuë, retomber sur l'eau & se rendre visible: on en auroit donc quelque piéce; cependant c'est ce qui ne se voit point, parce qu'effectivement c'est ce qui n'est point.

Mais d'où vient donc, dira-t-on, que

que lors que la barre de fer coupe ces canaux, l'eau en tombe avec grand bruit ?

Je réponds que ce n'eſt pas des canaux que l'eau tombe, puis qu'il n'y a ni eau ni canaux : mais c'eſt de la nuë meſme d'où ſort la trombe ; & ce qui fait tomber cette eau, n'eſt pas la barre de fer, mais le ſeul coup de canon, & voicy de quelle maniére cela ſe fait.

Tout le monde ſçait que les nuës ſe réſolvent en pluye, ou par l'action du vent & l'agitation de l'air, ou par la chaleur. Il eſt donc aiſé que l'air eſtant extrémement ébranlé par un coup de canon, ſon agitation ſe porte juſqu'aux nuës, ſur tout lors qu'elles ſont baſſes, comme nous le ſuppoſons ; mais comme l'air n'eſt pas ſimplement ébranlé par un coup de canon, & qu'il eſt encore dilaté & échaufé ; cét air échaufé venant à s'appliquer aux nuës, on peut bien penſer qu'il doit fondre une partie de la matiére dont elles ſont composées, & les réſoudre ainſi en une pluye abondante, laquelle venant à tomber bruſquement dans la mer, doit cauſer le bruit que l'on remarque icy.

Et ce qui fait qu'alors la trombe ſe diſſipe & diſparoiſt, c'eſt qu'une partie de la matiére de la nuë d'où elle ſortoit eſtant fonduë, & le corps de l'Eolipile que cette nuë formoit eſtant affoibli, il faut qu'il céde à l'effort continuel que les vapeurs & les exhalaiſons font pour en ſortir; de ſorte que cette nuë ſe crevant & ſe dechirant tout d'un coup en pluſieurs endroits, les vapeurs & les exhalaiſons ſortant en meſme temps par toutes ces iſſuës, elles doivent en peu de temps ſe diſſiper ſans effort & d'une maniére inſenſible; & ainſi la trombe qui ne conſiſtoit que dans un jet violent de ces vapeurs, doit abſolument diſparoiſtre.

Nous voicy à la fin de tout ce que le Journal des Sçavans dit des effets & des circonstances des trombes de mer. Je pense m'estre suffisamment tiré de l'engagement où je m'estois mis, de les expliquer suivant la conjécture ou l'hipothese sur laquelle la colonne de nuë a esté expliquée ; & l'on a veû, si je ne me trompe, un tel rapport entre ces Phénomenes de mer & nostre conjécture, qu'il semble que la conjécture n'ait esté faite que pour expliquer ces Phénomenes, & que les Phénomenes n'ayent paru que pour fortifier & établir la conjécture. Et ainsi il n'y a plus de lieu de douter que ces trombes de mer ne soient de mesme nature que nostre colonne de nuë, & que celles-là ne reconnoissent les mesmes causes que celle-cy.

Une seconde réfléxion qu'on peut faire icy, est que les matelots pourront désormais s'épargner des barres de fer, & la peine qu'ils prennent à pointer leur canon sur ces trombes; car c'est ce qui s'appelle tirer en l'air, ou contre le vent. On peut tirer du canon pour ébranler l'air & éloigner la nuë d'où sort la trombe, ou du moins pour essayer de la résoudre en pluye; mais pour cela, il n'est besoin ni de barre de fer, ni de boulet.

Il est bon néanmoins de remarquer que si la nuë qui porte la trombe estoit extrémement basse, il ne seroit pas inutile de charger le canon de boulet, & de pointer sur la nuë, car si le boulet arrivoit jusqu'à elle & la perçoit, je ne doute nullement qu'il ne dissipast la vapeur qui forme la trombe; c'est une expérience aisée à faire, & qui ne coustera pas plus que de tirer à coups de barre sur la trombe mesme.

SECONDE ADDITION du 21. Aoust de l'an 1683.

UN homme de qualité & d'esprit, qui a servi sur mer, & observé plusieurs de ces trombes, m'ayant soûtenu depuis peu qu'elles sont formées par les eaux de la mer qui s'élevent jusqu'aux nuës, je me crois obligé d'ajoûter à tout ce que j'ay dit, pour réfuter ce sentiment, une réfléxion qui me paroist décisive, & qui, si je ne me trompe, tranchera absolument toute la difficulté qui pourroit rester là-dessus.

Tout le monde sçait que la nature agit d'une maniére assez uniforme dans la formation de ces sortes de météores. Si donc on peut justifier qu'en quelques rencontres où ces trombes & ces colonnes ont paru, elles n'ont pas esté formées par le soulevement des eaux depuis la terre juſqu'aux nuës, on ſera obligé de porter le meſme jugement de toutes les autres. Or c'eſt un fait qu'il m'eſt fort aiſé de juſtifier par la colonne de nuë dont je viens de faire la deſcription.

J'obſervay ſa route l'eſpace de trois quarts d'heure. Pendant ce temps je luy vis faire prés de trois lieuës de chemin; & non-ſeulement je ne vis point d'eau ſur ſa route, mais je vis meſme aſſez diſtinctement qu'il n'y en pouvoit avoir. Je n'en crus pas tout-à-fait mes yeux: je me tranſportay ſur les lieux; je ſuivis l'eſpace d'une demy-lieuë ſa route qui eſtoit auſſi ſenſible que les chemins les plus batus, & conſtamment je ne rencontray nulles eaux dans tout cét eſpace. Il eſt vray qu'elle ne paſſa pas loin de l'étang de Sillery: mais outre qu'elle ne paſſa pas par deſſus; quand meſme on accorderoit que cét étang luy auroit fourni des eaux, luy en auroit-il pu fournir jusques à deux lieuës delà ? & par quelle espéce de miracle ces eaux ou ce jet d'eau ainsi séparé de sa source auroit-il pu accompagner la nuë jusqu'à deux lieuës de là, & demeurer ainsi comme attaché & suspendu à la nuë, sans se résoudre, sans se répandre en terre, & sans se dissiper ? Seûrement ce miracle passeroit celuy de la séparation des eaux de la Mer Rouge. Voilà donc constamment une véritable trombe qui n'a point esté formée par le soulevement des eaux de la terre, & par conséquent on n'a pas droit de juger que celles qui paroissent sur mer se forment d'une autre maniére.

TROISIE'ME ADDITION

OU

SUR LES MESMES PRINCIPES, on explique une nouvelle colonne de nuë qui apparut en Brie au mois d'Aoust de l'année 1687.

PLUSIEURS années aprés avoir écrit ces conjéctures, une personne de mérite qui n'avoit jamais oüi parler ni de trombes de mer, ni de colonnes de nuë, m'apprit qu'il avoit esté depuis quelques jours spectateur d'un de ces Phénomenes; & jugeant bien par le peu qu'il m'en dît (dans une occasion où nous n'avions pas toute la liberté de nous entretenir) que ce qu'il avoit veû estoit fort conforme à la colonne de nuë qui apparut en Champagne en l'année

1680. je le priay de m'en faire une deſcription éxacte. Il ne l'a pas ſimplement faite, il y a encore joint ſes conjéctures & ſes explications ; & comme j'ay fait ſur le tout quelques remarques aſſez propres à confirmer l'hypotheſe ſuivant laquelle j'ay expliqué la colonne Champenoiſe & les trombes de mer, j'ay crû qu'il eſtoit à propos d'ajoûter encore icy ſon écrit & ſes remarques.

EXTRAIT

D'UNE LETTRE

qui contient la deſcription de la nouvelle Colonne de nuë, & l'explication que l'Auteur en a faite, avec des remarques ſur l'une & ſur l'autre.

JE vous envoye M... la relation que vous ſouhaitez. Il faudroit eſtre ſçavant dans la ſcience que vous poſſédez, entre autres parfaitement, pour vous exprimer avec des termes propres & énergiques les choſes que j'ay veüës. Ce qui me fait croire néanmoins que je vous les donneray aſſez à entendre, c'eſt que je les ay auſſi préſentes que ſi elles eſtoient devant mes yeux, & que les eſpéces qu'elles ont laiſſées dans ma mémoire n'estant point confuses, je n'auray nulle peine à les exprimer.

Au reste, il faut avant d'entrer en matiére que je vous prévienne sur les faux raisonnemens que vous pourrez trouver dans mes petites réfléxions que je prétens faire au bas de ma lettre.

Souvenez-vous, je vous prie, que c'est un écolier qui dit ses pensées naïvement à son maistre, afin de l'engager à les redresser, si elles ne sont pas justes; & que n'ayant nuls principes dans les sciences qui regardent les astres & les météores, on auroit tort d'estre surpris si je me servois de termes impropres, & si je raisonnois mal-à-propos. Je ne sçay parler de ces choses qu'avec des ignorans, & pour me tirer d'une conversation ordinaire.

REMARQUE I.

Il n'est pas besoin de faire icy remarquer la modestie de l'auteur:

il suffit de dire que ce n'est là qu'un leger crayon de ce que l'on découvre dans toute sa conduite, quand on a l'honneur de le connoistre.

L'AUTEUR de la Lettre.

Environ le 15. jour d'Aoust il fit un grand tonnerre sur les quatre heures aprés midy; & aprés avoir grondé environ une demiheure, il fit un éclat si épouvantable, que ne doutant point du tout qu'il ne fust tombé proche de la maison où j'estois, j'ouvris vistement la fenestre de ma chambre, & j'apperceûs une colonne de la couleur d'une nuë épaisse, qui occupoit l'espace qui est entre les nuës & la terre.

REMARQUE. II.

Voicy encore une colonne de nuë sur terre. C'est la seconde qui soit venuë à ma connoissance. Il pourroit

pourroit y avoir des païs où elles seroient plus fréquentes; mais je n'en ay point oüi parler.

L'AUTEUR.

D'abord il faut que je vous avoûe que je sentis une joye si grande de voir une chose aussi extraordinaire pour moy, que quoy-que cette colonne ait esté prés d'un demi-quart d'heure à se réunir aux nuës, j'estois fort fasché de ce qu'elle se dissipoit si-tost.

REMARQUE III.

Nous verrons dans la suite ce que se peut estre que cette prétenduë réunion de la colonne avec les nuës.

L'AUTEUR.

Elle me paroissoit de figure ronde, ayant environ cinquante pieds de tour par le haut, & diminuant toûjours jusques en terre, en sorte que par sa pointe elle ne paroiſſoit pas avoir plus de huit pieds.

REMARQUE IV.

Pour la figure de cette colonne, c'eſt juſtement la meſme ſous laquelle la colonne Rémoïſe nous parut. Mais on trouvera peut-eſtre étrange que cette nouvelle colonne n'ait point eû de piramide pour piédeſtail, & qu'elle ait eſté plus menuë en bas qu'en haut: ce qui eſt tout le contraire de la colonne Rémoïſe.

Cependant, ſi l'on ſe ſouvient que la colonne Rémoïſe n'eſtoit pas toûjours accompagnée de ſon piédeſtail, & qu'il diſparoiſſoit lors que la colonne paſſoit ſur un terrain où il n'y avoit rien à enlever, comme ſur une prairie *, l'on ceſſera de s'étonner que l'auteur de la lettre n'ait point remarqué de piédeſtail à celle-cy, dés qu'on aura veû un peu plus bas, que l'endroit où cette colonne luy parut, eſtoit un bois taillis, d'où il n'y

* *Voyez l'explication du neuviéme Phénomene de la colonne de nnë.*

avoit rien à enlever, ou meſme qui eſtoit capable d'offuſquer ce qu'elle pouvoit enlever.

A l'égard de la diminution de la colonne par le bas, on peut en alléguer deux cauſes tres-recevables, dont une ſeule peut ſuffire pour cét effet.

Et premiérement on peut dire, comme nous avons fait dans l'explication du huitiéme Phénomene des trombes de mer, que c'eſtoit quelque vent horiſontal, qui foûéttant contre terre, la retreciſſoit par le bas, & luy oſtoit meſme la piramide, qui ſans cela luy auroit ſervi de piédeſtail.

Secondement, l'on peut dire avec encore plus de vray-ſemblance, que la cauſe de cette diminution de la colonne, eſtoit la diminution de la violence dont la vapeur ſortoit de la nuë : car cét affoibliſſement l'empeſchant de tomber juſques en terre, & l'obligeant à terminer ſon cours ſur la ſurface de l'air, la différence qu'il y a entre ces deux ſujets, a deû mettre cette grande différence entre la colonne de Brie & celle de Champagne, & voicy à peu prés comme cela s'eſt fait.

Lors que la vapeur a aſſez de force pour j'aillir juſqu'en terre, l'on conçoit aiſément que la dureté du terrain peut l'obliger à gliſſer à la ronde dans une certaine eſpace, & à reflêchir meſme en circulant, & á former ainſi une eſpéce de piramide qui rende la colonne plus groſſe par le bas que par le haut.

Mais il arrive tout le contraire, lors que la vapeur ne pouvant jaillir juſqu'en terre, elle eſt obligée de s'arreſter ſur la ſurface de l'air; parce que l'air, à cauſe de ſa fluidité, amortiſſant ſon mouvement, affoiblit & arreſte meſme beaucoup plûtoſt, & plus ſenſiblement les rayons de vapeur qui ſont vers la circonférence de la colonne, que ceux qui ſont vers le centre, car le mouvement eſt moins violent vers la circonférence que vers le centre. Ainſi, de tous les rayons qui composent cette colonne, ceux qui ſont les plus proches du centre perçant dans l'air plus avant que ceux qui en ſont plus éloignez, & allant ainſi plus loin, c'eſt une néceſſité qu'alors la colonne ſoit plus menuë en bas qu'en haut; & elle y doit eſtre meſme un peu pointuë, car c'eſt par cette meſme raiſon que la flâme des flambeaux ſe termine en pointe; & une marque infaillible de cela, c'eſt qu'on n'a qu'à appliquer un corps ſolide à la pointe d'une de ces flammes, & l'on aura le plaiſir de luy voir changer ſa figure piramidale, & de remarquer que ce qui en eſtoit la pointe deviendra la baſe. Il faut encore inférer delà que lors que les colonnes ſont ſur leur fin, elles doivent paroiſtre plus menuës en bas qu'en haut.

L'AUTEUR.

Elle estoit tombée perpendiculairement, & resta dans le mesme estat & de la mesme couleur extrémement sombre pendant environ trois miserere, sans que je pusse voir ni quel mouvement elle avoit, ni de quelle matiére elle estoit formée.

REMARQUE V.

La couleur sombre de cette colonne, si différente de la couleur sous laquelle parut la colonne Rémoïse, venoit asseûrément de ce que l'air estant extrémement chargé, cette colonne n'estoit nullement éclairée des rayons du soleil, comme estoit la colonne Rémoise.

L'AUTEUR.

Au bout de ce temps, apparemment que la violence & la précipitation de son mouvement commença à diminuer, parce que je commençay à le discerner. Il estoit circulaire, c'est-à-dire, que les parties de la colonne circuloient en elles-mesmes, & piroûëtoient sur un mesme centre, & la matiére de ce corps estoit la mesme asseûrément que les nuës.

REMARQUE VI.

Rien n'est plus propre à confirmer la conjécture que j'ay formée sur la matiére & sur le mouvement de la colonne Rémoise, que ce que l'auteur dit icy ; car sans avoir pu voir cette colonne de plus prés que d'une lieuë, j'ay jugé qu'elle formoit un tourbillon, & que sa matiére qui estoit la mesme que celle des nuës, circuloit & piroûëttoit en elle-mesme. Voyez l'explication du septiéme Phénomene de la colonne de la nuë Rémoise.

L'AUTEUR.

Petit à petit elle se dilatoit à

peu prés comme de la laine pressée lors qu'on luy donne plus d'étenduë.

REMARQUE VII.

C'est une des propriétez des vapeurs que de se resserrer & se dilater ainsi.

L'AUTEUR.

Remarquez que plus ce corps se dilatoit, plus il me paroissoit que le mouvement diminuoit, quoy-qu'il fust toûjours grand, & plus aussi la colonne quittoit la terre pour se réunir au corps des nuës. Je m'apperceûs encore que la colonne remontant toûjours en circulant, elle s'élargissoit de plus en plus, jusques à ce qu'elle rentrast dans cette mer aérienne d'où elle estoit sortie.

REMARQUE VIII.

Pour rendre raison de ces deux effets, il ne faut que rappeller l'explication que nous avons donnée du neuviéme Phénomene des trombes de mer : car nous avons remarqué que la vapeur renfermée entre deux nuës estant considérablement diminuée par la diminution de la chaleur, elle doit ſortir avec beaucoup moins de violence, & qu'ainſi ayant moins de force pour déplacer l'air, la réſiſtance de celuy-cy doit écarter ſes parties, & dilater les filets ou les rayons dont elle eſt composée ; & l'affoibliſſement de ſon mouvement peut, & doit meſme devenir ſi grand, que quoy-qu'elle ait aſſez de force pour ſortir de la nuë d'une maniére ſenſible, elle n'en ait pas aſſez pour arriver juſques en terre.

Enfin l'on voit bien qu'à proportion que l'écoulement de la vapeur devient moins abondant, il devient moins rapide ; qu'à meſure qu'il eſt moins rapide, il va moins loin ; & qu'ainſi tout cela diminuant à chaque moment avec des proportions égales, la colonne doit diminuër de mesme, & paroistre ainsi *quitter la terre pour se réunir aux corps des nuës, & rentrer dans cette mer aérienne d'où elle estoit sortie.*

Mais cette rentrée & cette réunion, que l'auteur répete souvent n'ont guéres d'autres sens raisonnable que celuy qu'on vient d'y donner.

L'AUTEUR.

Il est bon aussi de vous dire qu'il ne plut point de toute cette soirée, car cela entrera pour quelque chose dans ma réfléxion.

REMARQUE. IX.

Cela doit aussi entrer dans les miennes, car j'ay remarqué qu'il ne plut point par tout où la colonne de nuë passa.

L'AUTEUR.

Dés que ce fracas fut cessé, je

descendis de ma chambre, dans le dessein de faire visite de l'endroit où je croyois que le tonnerre estoit tombé, qui estoit sur le chemin de Villegagnon où je devois souper ce soir-là : mais je ne vis rien du tout sur la terre qui me pust satisfaire, ni qui me marquast que le tonnerre y estoit tombé ; d'où je conclus que je m'estois trompé de quinze ou vingt pas, & qu'il estoit tombé un peu plus loin, dans un petit bois taillis haut d'environ cinq pieds, qui est auprés de Villegagnon, dont le Chasteau est à quatre cens pas de la maison où je demeure ; car l'endroit où je m'estois imaginé que je trouverois quelques vestiges n'en est pas à plus de trois cens, & c'est ce qui me fit si bien distinguer cette colonne.

REMARQUE X.

Remarquez icy, ce qui paroistra encore davantage par la suite, que l'Auteur ne distingue nullement la chute du tonnerre d'avec la chute de cette colonne, ni le tonnerre mesme d'avec la colonne, quoyqu'il soit certain que ce sont deux choses fort différentes, comme il paroistra par le petit traité du tonnerre qu'on joindra immédiatement à celuy-cy.

Remarquez encore que voilà le petit-bois, qui seul pouvoit empescher que la colonne n'eust une piramide pour piédestail.

L'AUTEUR.

En arrivant chez Monsieur le Marquis de Villegagnon, je luy contay ce que je viens de vous dire ; & comme je luy marquois l'endroit, il me dît que les filles de Madame sa femme estoient encore toutes effrayées & saisies de la peur qu'elles avoient eûë du tonnerre qui estoit tombé à vingt pieds d'elles, comme elles faisoient la lessive à la fontaine, qui n'est qu'à trente ou quarante pas de l'enl'endroit que je luy marquois, & qui est dans le petit bois dont j'ay parlé. Je m'informay de ces filles des choses qu'elles avoient remarquées; mais elles me répondirent qu'elles n'avoient songé qu'à fuir de toute leur force, sans regarder derriére elles. Je fus fasché que pas une n'eût la mesme curiosité que la femme de Loth, car j'aurois esté bien-aise de trouver quelqu'un qui eust veû les mesmes choses que moy.

EXPLICATION de l'Auteur.

Aprés vous avoir fait le détail de la chose, souffrez qu'à ma maniére je vous en dise ma pensée.

Je croy donc que ce qui causa cette colonne fut l'air comprimé entre deux nuës qui estoient l'une sur l'autre, & poussées par des vents differens: cét air comprimé, en sortant par la nuë d'en bas, en a emporté avec luy une portion, qui estant d'une matiére spongieuse dont les parties sont embarassantes les unes dans les autres, elles se sont toûjours tenuës liées ensemble, en suivant le mouvement du tourbillon qu'elles renfermoient, jusques à ce que le mouvement venant à diminuër, cette matiére fust ratirée (souffrez ce mot) par le corps des nuës ausquelles elle tenoit par le bout d'en haut. Ce qui d'abord me surprit, c'est que cette colonne remonta, & qu'elle ne se détacha pas des nuës pour se dissiper en pluye, ou s'évaporer dans l'air ; au contraire elle se réunit aux nuës, à peu prés comme une glaire d'œuf qu'on tire à soy, aprés l'avoir laissé tomber deux ou trois pieds vers la terre.

REMARQUE XI.

Quoy-que cette explication ne se soûtienne pas dans toutes ses parties, elle a néanmoins quelque chose de fort vray-semblable ; du moins a-t-elle cela de bon, que laiſſant à part l'uſage des qualitez & des vertus occultes, elle ne ſe ſert que des principes de la mécanique, & que de la conſidération de la figure, de la ſituation, de l'arrangement, & du mouvement des parties dont les corps ſont viſiblement capables: conduite fort remarquable en une perſonne, laquelle ne s'eſtant jamais beaucoup appliquée à la Phyſique, n'a guéres eû dans cette ſpéculation d'autre guide que le bon ſens.

La conjécture de l'Auteur me paroiſt donc également vraye & judicieuſe, en ce qu'il a penſé que c'eſtoit un air ou un vent qui avoit crevé la nuë d'en bas, & qui ſortant par cette ouverture, avoit formé une eſpéce de tourbillon. Juſques-là il n'y a rien que de juſte.

Mais j'avoûë que la maniére dont il prétend que cela s'eſt fait n'a nulle apparence.

Car, 1°, il n'y a nulle apparence à ce qu'il dit, que cét air n'estoit que celuy qui a pu estre comprimé, ou plûtost exprimé entre deux nuës, pendant qu'emportées par des vents différens, elles passoient l'une au-dessus de l'autre: car on voit bien 1. que ce passage de deux nuës l'une au-dessus de l'autre, ne devant pas durer long-temps, l'air qui en estoit exprimé, ne devoit pas former un Phénomene de si longue durée. 2. L'air compris entre deux nuës, pendant qu'elles passent l'une au-dessus de l'autre, n'a garde d'avoir assez de force pour crever la nuë de dessous, & pour former un tourbillon qui descende jusques en terre, & qui dure si long-temps. Il auroit beaucoup plus de facilité de couler le long de ces nuës, & de s'échaper par leurs extrémitez; & tant que ces ouvertures seroient libres, il n'y a nulle apparence qu'il pust forcer la nuë de dessous jusques à la crever. 3. Quand l'Auteur ſuppoſeroit, comme il paroiſt faire, que ces deux nuës ſeroient attachées l'une à l'autre & fermées vers les extrémitez par des vents contraires, dont l'un ſoufleroit de haut en bas, & l'autre de bas en haut (ſuppoſition fort extraordinaire) il ſeroit encore incroyable que l'air compris entre ces deux nuës euſt la force de les crever; plus incroyable que crevant celle de deſſous, il puſt deſcendre juſques en terre, & tres-incroyable enfin, que deſcendant juſques en terre, il puſt former & fournir un tourbillon l'eſpace d'un quart d'heure.

2°. Il n'y a pas plus d'apparence à ce que l'Auteur prétend, que cét air crevant la nuë de deſſous l'ait alongée juſques à en faire un tuyau ou une colonne creuſe qui ſe ſoit étenduë juſques en terre. Je conçoy bien que la matiére des nuës eſt capable de quelque extenſion, & c'eſt par là que j'ay expliqué le chapiteau de la colonne de nuë Champenoiſe *; mais que cette extenſion puiſſe aller juſqu'à un ſi énorme excés, c'eſt ce qui eſt abſolument incroyable.

* *Voyez l'explication du cinquiéme Phénomene de cette nuë.*

3°. Quand on paſſeroit cela, il n'y auroit pas moyen de paſſer ce que l'Auteur dit enſuite, ſçavoir que ce tuyau ou cette colonne creuſe ſuivoit le mouvement du tourbillon qu'elle enfermoit. Cela n'auroit jamais pu arriver, quand meſme le corps de cette colonne auroit eſté un véritable boyau, car un boyau n'eſt capable que de fort peu de révolutions, & encore dés qu'il en a fait deux ou trois, il devient incapable de contenir aucune liqueur. Comment donc prétend-on que cette colonne creuſe, qui n'eſtoit composée que de la matiére figée des nuës, ſuivit ainſi le mouvement du tourbillon, c'eſt-à-dire, qu'elle circulaſt comme luy, & qu'en circulant elle le renfermaſt toûjours.

4°. Il y a encore moins d'apparence à ce qu'on ajoûte, que le mouvement venant à diminuër, cette colonne *remonta & fut ratirée par le corps des nuës ausquelles elle tenoit par le bout d'enhaut.* Sans mentir si l'on ne donne pas icy de vertu attractive aux nuës, c'est donner à la matiére dont elles sont composées un terrible ressort; mille éxemples semblables à celuy de la glaire d'œuf n'en pourroient pas justifier le quart. Voyons néanmoins la raison que l'Auteur donne de cette retraite de la colonne, & de ce qu'il prétend qu'elle ne s'évapora point en l'air, ni qu'elle ne se répandit point en pluye.

L'AUTEUR.

La raison de cela, c'est que la matiére de la nuë n'ayant pas encore esté assez batuë des vents, & n'ayant pas assez fait de chemin, pour que les parties attachées les unes aux autres se détachassent, elles produisirent cét effet; & une marque de cela, c'est qu'il ne plut point ce jour-là, comme je vous ay dit, parce qu'il ne pleut ordinairement que lors que les parties des nuës ayant esté séparées les unes des autres par les vents & par leur marche, elles se résoudent en pluye, à peu prés comme une amelette dont les parties se tiennent ensemble, & qui ne se divisent les unes des autres qu'aprés qu'on les a bien batuës: or ce qui fortifie ma pensée, c'est que s'il ne plut pas ce jour-là, ce ne fut pas manque de la quantité de la matiére, puis que les nuës estoient extrémement épaisses & noires, mais parce que la qualité n'y estoit pas encore.

REMARQUE XII.

Il y auroit icy bien des choses à dire sur la maniére dont l'Auteur explique la résolution des nuës en pluye : mais comme cela nous écarteroit trop de nostre sujet, il suffit de remarquer qu'il rend des raisons peu vray-semblables de deux faits parfaitement faux : car il est également faux, & que cette colonne se soit réunie aux nuës comme une glaire d'œuf qu'on tire à soy, & qu'elle ne se soit pas évaporée en l'air. Comme elle ne consistoit que dans un écoulement de la vapeur comprise entre deux nuës, ainsi que nous l'avons si probablement justifié, la source de cét écoulement estant tarie, l'on voit bien que ce qui s'en estoit écoulé, & qui formoit la colonne a deû s'évaporer, & se dissiper en l'air ; & l'on voit bien encore que cette dissipation se faisant peu à peu depuis le bas jusques en haut, la colonne a deû paroistre se retirer dans les nuës, quoy-qu'elle n'ait fait que s'évaporer en l'air.

L'AUTEUR.

Cette matiére donc estant encore glutinée, le tourbillon, en se faisant jour au-travers de l'une des nuës, en emporta avec luy une partie, à laquelle il donna sa forme & son mouvement, lequel venant à diminuer laissa à cette matiére la liberté de se réunir au corps auquel elle estoit glutinée par la partie d'enhaut qui estoit beaucoup plus grosse que le reste.

REMARQUE XIII.

Comme l'Auteur ne fait que répéter icy en d'autres termes les mesmes choses sur lesquelles nous avons déja fait des réfléxions, il seroit inutile d'en ajoûter de nouvelles : l'on voit bien qu'en cét endroit il a plus suivi les impressions & les préjugez du vulgaire, que consulté son bon sens.

L'AVTEVR.

De tout cela je tire une conjécture, que toutes les fois qu'il tonne, le tonnerre (qui n'est autre chose qu'un air que la compression de deux nuës poussées par des vents différens écarte avec violence) tombe toûjours, c'est-à-dire, pénétre toûjours l'une des deux nuës, celle d'enbas, ou celle de dessus, selon l'épaisseur de l'une ou de l'autre. S'il perce celle d'en haut, il se perd dans la moyenne région; si celle d'en bas est plus foible, il tombe sur la terre, ou du moins à une distance proportionnée à sa violence; & c'est ce qui me fait croire que la raison pour laquelle il tombe plûtost sur les montagnes, sur les Clochers, les Eglises, &c. vient de ce que le tourbillon n'a pas toûjours assez de force pour tomber plus bas, & par conséquent il se perd dans l'air, à moins qu'il n'y trouve ou une montagne, ou une Eglise, ou quelque autre corps élevé.

REMARQUE XIV.

Rien ne seroit plus juste que ce

que l'Auteur vient de dire du tonnerre, s'il en avoit osté la parenthese; & si au lieu de le prendre pour un air chassé d'entre deux nuës, il l'avoit regardé comme une exhalaison enflammée, laquelle secoûant les nuës qui luy servent de prison, s'élance avec effort par les ouvertures qu'elle s'est faite par ses secousses, car nous allons faire voir dans le Traité que nous joindrons à celuy-cy, que ce n'est que par une pareille exhalaison enflammée qu'on peut expliquer tous les divers & bizarres effets du tonnerre, & que ni l'air chassé le plus violemment, ni les vents les plus furieux ne sont capables ni de fondre les metaux, ni d'aveugler par les éclairs, ni enfin de former des incendies, comme l'on sçait que fait le tonnerre.

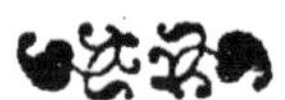

CONJE-

CONJECTURES

SUR LES EFFETS EXTRAORDINAIRES DU TONNERRE

QUI TOMBA A SOISSONS sur l'Abbaye de Saint Médard le 26. Avril 1676.

AVERTISSEMENT.

LE tonnerre a fait paroiſtre de tout temps des effets également bizarres & ſurprenans, & de tout temps auſſi ces effets ont eû leurs admirateurs. La pluſpart des hommes ſe ſont toûjours fait un plaiſir de les regarder comme des prodiges beaucoup audeſſus de l'ordre naturel ; & par une diſpoſition peu différente de celle des Payens, qui ſe formoient autant de nouvelles divinitez, qu'il ſe préſentoit d'effets un peu extraordinaires, on se figure aujourd'huy autant de miracles que le tonnerre laisse de vestiges.

Mais je ne sçay s'il a jamais rien paru, en cette matiére, de plus surprenant, que ce qui arriva dans la chûte du tonnerre sur l'Abbaye de Saint Médard le 26. d'Avril de l'année 1676. On n'y a peut-estre jamais remarqué ni tant de violence, ni tant de délicatesse, ni tant de bizarrerie. Tantost c'est un Mars furieux qui perce les murailles les plus épaisses, & renverse les Tours les plus fortes; tantost c'est un Peintre tranquile, qui de mille couleurs diverses, sur des murailles assez foibles, trace mille différentes figures. Icy c'est un feu folet qui épargne la paille & l'étoupe; là c'est un feu consumant qui ne pardonne pas mesme au métail. En quelques endroits on voit un bucheron assez grossier, qui met des chevrons en lattes: on remarque ailleurs un ouvrier délicat qui réduit des chevrons en forme d'alumettes, & qui du bois le plus ſec ſçait former des balais. Enfin on y obſerve par tout, ou la violence, ou la délicateſſe, ou la bizarrerie.

Auſſi ces effets n'ont-ils manqué ni de ſpéctateurs ni d'admirateurs. On a cent fois levé les mains & les yeux au ciel, cent fois crié au prodige. Il y avoit de la témérité à penſer qu'on pourroit rendre des raiſons naturelles de ces effets : c'eſtoit s'expoſer vainement à un grand travail, & c'eſtoit enfin paſſer pour un homme de peu de foy, de n'y reconnoiſtre pas les derniers efforts de la puiſſance d'un Dieu. *Miracle, miracle*, diſoit-on ; & avec ces deux mots on inſultoit hardiment à la Philoſophie & aux Philoſophes, & on croyoit avoir rendu les derniéres raiſons de ces effets.

Que le peuple donne aiſément dans le miracle, particuliérement en matiére de religion, on ne voit rien là de bien ſurprenant; mais que d'habiles gens, & des perſonnes qui ont dû par leurs lumiéres eſtre élevez aux premiers emplois qu'elles poſſédent, crient au miracle pour rendre raiſon de quelques effets du tonnerre, c'eſt en vérité ce qu'on a de la peine à comprendre.

Néanmoins ſi l'on y prend garde de prés, on pourra trouver la raiſon d'une diſpoſition ſi univerſelle dans les hommes: elle eſt commode; elle flatte noſtre vanité; & c'en eſt aſſez pour faire qu'on y entre naturellement. Il eſt peu de gens qui ne veuïllent paroiſtre ſçavoir tout ce qui ſe peut connoiſtre naturellement; & ainſi, lors qu'il ſe préſente quelque effet dont il eſt mal-aiſé de rendre raiſon, parce que les cauſes n'en ſont pas ſenſibles, on eſt tout porté à le croire ſurnaturel. On auroit ou trop de confuſion d'avoûër ſon ignorance, ou trop de peine à s'engager dans la recherche de ces cauſes. C'eſt une voye & bien plus courte, & bien plus ſeûre, ſoit pour la réputation, ou pour ſon propre repos, de crier tout d'un coup au miracle. On ſe délivre par là de bien des maux; & le prétexte ſpécieux de la religion s'en meſlant, on prétend meſme par cette conduite rendre un grand ſervice à Dieu, en luy conſervant une gloire qu'on luy voudroit oſter.

Cependant, il eſt certain que comme il y a de l'orgueïl à vouloir prononcer ſur toutes choſes, & décider dogmatiquement de tout, il y en a auſſi à prétendre qu'on ne peut rendre de raiſons naturelles des effets, dont les cauſes ne ſont pas ſenſibles & ne ſautent pas aux yeux de tout le monde. Plus de la moitié de la nature eſt cachée à nos ſens: ceux-cy ne nous découvrent preſque que ſes premiéres ébauches; & si l'esprit n'alloit pas plus loin, il faudroit crier au miracle, pour rendre raison pourquoy d'une mesme matiére il se forme tantost des pierres, tantost des métaux & tantost des plantes; & beaucoup plus encore pour expliquer comment les mesmes sucs qui passent par la tige d'une tulipe peuvent peindre ses feüilles de toutes les différentes couleurs & les diverses figures qu'on y remarque.

C'est donc à l'esprit à aller au-delà de la portée des sens & à trouver dans les idées claires de mouvement, de grandeur, de situation & de figure, dont la matiére est visiblement capable, dequoy expliquer ce qui paroist de plus surprenant dans ces effets.

Suivant ces idées on ne doit pas craindre de ne rencontrer pas bien: on aura toûjours assez fait si on ne s'est servi que de leur secours; & tout ce qu'on peut raisonnablement éxiger d'un Philosophe, est que, sans se départir de ses claires notions, & sans rien supposer que ce que tout le monde sçait estre dans la nature, il forme quelque hypothese, selon laquelle il fasse voir que les effets dont il est question auroient pû naturellement arriver.

Je pense en avoir trouvé quelques-unes de cette nature touchant les effets du tonnerre de Saint Médard. Comme je ne les propose pas comme les uniques qui se puissent former sur cette matiére; aussi je n'éxamine pas fort si elles seront bien ou mal reçûës : la chose ne mérite pas tant de ménagement. Il me suffit de satisfaire à ceux qui me les demandent, & d'avertir que je ne donne ces pensées que comme de simples conjectures, & non pas comme des décisions incontestables.

Je proposeray donc d'abord tout

ſimplement les effets de ce tonnerre, qui ont paru les plus conſidérables, & j'y joindray enſuite mes conjectures.

DESCRIPTION des effets.

Je ne m'arreſteray pas à décrire les diſpoſitions qui précédérent la chûte de la foudre, non plus que les divers tours qu'elle fit dans la maiſon: outre que ce recit auroit quelque choſe d'ennuieux, il ne pourroit eſtre bien entendu ſans connoiſtre la diſpoſition des baſtimens; & comme je ne prétends pas faire une hiſtoire, mais ſeulement donner quelques mémoires de ce qui a paru de plus remarquable, je me contenteray de dire que des perſonnes fort âgées témoignent n'avoir jamais rien entendu de plus terrible que les éclats de ce tonnerre, & j'ajoûteray que les tours que la foudre a faits dans le Monaſtére, ont paru extrémement bizarres. Aprés cela je viens au détail des effets.

1. La fléche du clocher a esté absolument dépoüillée de toutes ses ardoises, sans que les lattes qui les soustenoient ayent esté maltraitées, excepté l'endroit par lequel la foudre est entrée dans le clocher, où elle a brisé quelques piéces de chevrons, & quelques lattes.

2. Les piéces de ces chevrons sont brisées d'une maniére assez particuliére. Il s'en trouve quelques-unes de la hauteur de trois pieds, divisées presque de haut en bas en forme de lattes assez minces: d'autres de la mesme hauteur sont divisées en forme de longues alumettes; & l'on en trouve enfin quelques autres divisées en des filets si déliez, suivant l'ordre des fibres, qu'elles ne représentent pas mal un balai usé; & tout cela sans que le bois ait en aucune façon changé de couleur, ou

qu'on y puiſſe remarquer aucuns veſtiges de feu. On remarque ſeulement ſur l'une de ces piéces un endroit de la longüeur d'un demipied, où le bois ſe trouve extraordinairement foulé & froiſſé.

3. Une partie conſidérable de la Tour, & du Dôme qui ſoûtiennent la fléche, a eſté abbatuë, & la foudre a pénétré de haut en bas dans la maçonnerie la longueur de plus de vingt pieds.

4. Trois fils de laton qui d'une part eſtoient attachez à des timbres qui eſtoient ſur le haut de la tour, & de l'autre ſe rendoient à l'horloge qui eſtoit en bas, ont eſté abſolument conſumez, ſans qu'on en ait pû rien découvrir : la meſme choſe eſt arrivée par tout où il s'eſt rencontré de ce fil ; & comme il y en avoit en divers lieux de la maiſon, il ſemble que ce métail ait déterminé la foudre à les viſiter.

5. Deux planches hautes de prés

de quatre pieds ont esté détachées d'un cadran qui est au bout du dortoir en dedans, & portées presque à l'autre extrémité, justement à vingt toises de là.

6. Enfin l'effet qui paroist le plus surprenant, & qui a excité la curiosité d'une infinité de personnes, c'est une espéce de frise de toutes sortes de couleurs, marquée le long de la muraille des chambres du dortoir précisément au dessus des portes. La largeur de cette frise est de prés de deux pieds; sa longueur est presque égale à celle du dortoir; les figures qu'elle représente sont des flammes qui s'élancent également en bas & en haut, & se terminant de part & d'autre en piramides, sont attachées par la base à une espéce de cordon qui régne le long de la frise justement dans le milieu.

J'ay fait imiter un morceau de cette frise, afin d'en donner une idée plus distincte; mais il faut avoüer qu'il eſt bien difficile que l'art puiſſe arriver juſqu'à imiter parfaitement les variétez qui ſe trouvent dans cette peinture : il y a des nuances inimitables. Bien des gens prétendent voir au milieu de ces couleurs, & de ces flammes, des viſages d'hommes, des marmouſets, & meſme des démons ; mais ceux qui n'ont pas l'imagination ſi forte n'y voyent rien de tout cela.

On

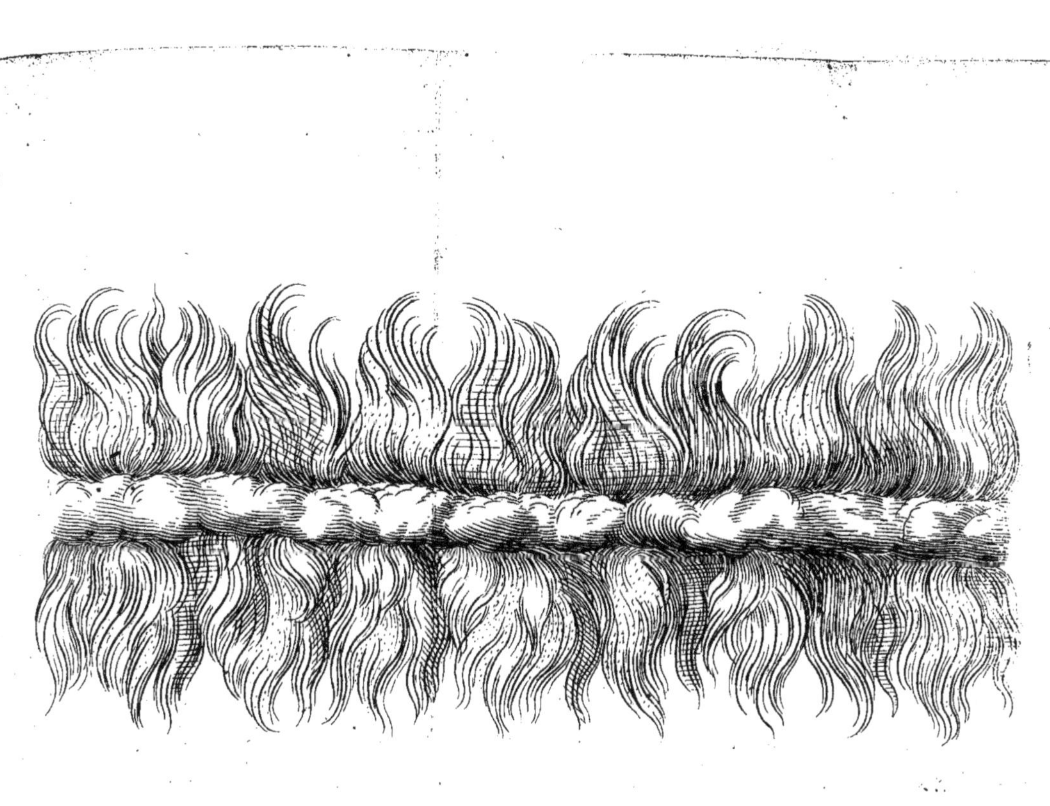

On remarque encore dans le mesme dortoir une autre particularité en fait de couleurs. En un endroit assez éloigné de la muraille sur laquelle est la frise dont je viens de parler, il y a un petit ouvrage de menuiserie dont les moulures sont relevées de quelques filets d'or mat. Cét or a donc esté noirci, & comme grillé par la flamme du tonnerre, & l'on voit de part & d'autre de ces filets des traisnées de gris de lin larges de trois pouces, appliquées assez inégalement, & sans aucune figure qui soit remarquable.

Aprés cela, je ne sçay si je ne paroistray point témeraire de vouloir proposer mes conjectures sur des effets que tant de gens se font une religion de rapporter à des causes surnaturelles; mais comme j'ay eû plus que personne occasion d'en observer les circonstances, peut-estre me pardonnera-t-on cette tentative; sur tout, si l'on se souvient que je n'ay dessein en cela, que de donner lieu aux habiles de pousser les choses plus loin.

CONJECTURES sur ces effets.

Je suppose icy ce qui passe présentement pour incontestable chez tout ce qu'il y a de gens un peu philosophes : sçavoir, que tout ce qu'il y a de considérable dans le tonnerre, ne dépend que d'une exhalaison enflammée & renfermée entre deux nuës, laquelle, 1° secoûant violemment les murailles de sa prison, produit le bruit ; 2° entr'ouvrant les nuës, produit l'éclair ; 3° s'échapant avec effort par cette ouverture, & s'élançant contre terre, prend le nom de foudre, & produit tous ces effets qui font l'admiration de ceux dont la Philosophie ne passe pas les sens.

Mais quand on voudroit contester cette supposition, j'espere qu'il ne ſera plus libre d'en douter, dés qu'on aura leû cét écrit, puis que ce n'eſt que par cette hypotheſe que je prétens rendre raiſon des plus bizarres & des plus extraordinaires effets du tonnerre, & qu'il n'y a point de plus illuſtre ni de plus inconteſtable preuve de la vérité d'une ſuppoſition, que celle d'expliquer, ſans en ſortir, tous les effets du ſujet pour lequel on l'a formée. Car puis que la nature d'une choſe eſt la ſource & le principe de toutes ſes propriétez, il n'y a pas lieu de douter qu'on n'ait découvert cette nature, lors que l'idée qu'on s'en forme ſuffit pour rendre raiſon de ſes propriétez, de ſes effets, & enfin de tout ce qu'on remarque dans cette choſe.

1. Cela ſuppoſé, je me ſens aſſez porté à croire que l'agitation de l'air, cauſée par le ſon des cloches dont on ſe ſervoit alors comme d'un remêde, aura déterminé

les nuës à s'entr'ouvrir justement sur le clocher.

2. L'exhalaison enflammée s'échapant en abondance par cette ouverture, & tombant sur la fléche & sur le dôme du clocher, aura pû se diviser en plusieurs pelotons, & se distribuer ainsi dans les divers lieux de la maison, où l'on remarque de ses vestiges.

3. L'effort dont l'exhalaison s'est lancée sur deux des principaux chevrons de la fléche, joint à une furieuse agitation de l'air, ayant étrangement ébranlé la charpente, a dû briser les ardoises & non pas les lattes: parce que celles-cy estant ployables & capables de ressort ont pû aprés avoir quelque peu cédé à l'effort se redresser sans se rompre; au lieu que les ardoises estans tres-fragiles & tres-infléxibles, n'ont pû céder sans se briser. Il en est en cecy à peu prés de mesme comme des vitres & du plomb

qui les enchaſſe; car l'expérience fait voir que l'ébranlement de l'air cauſé par un coup de canon eſt capable de caſſer les vitres ſans rompre le plomb. Nous avons eû céans pluſieurs éxemples de cela dans l'occaſion dont je parle: car l'agitation de l'air eſtoit ſi grande que les murailles des édifices en eſtoient ébranlées, & que non-ſeulement des vitres ont eſté caſſées, mais encore que quelques pierres ont eſté détachées des murailles, qui ne paroiſſent pas avoir eſté frapées de la foudre.

4. De l'effort dont l'exhalaiſon s'eſt élancée ſur quelques-uns des chevrons, il eſt aiſé de juger que les endroits où elle s'eſt immédiatement appliquée en auront dû eſtre foulez & froiſſez, & les autres parties extraordinairement ébranlées. Mais pour entendre comment cét effort & cét ébranlement auront dû diviſer les par-

ties de ces chevrons en forme d'alumettes, ou de filets encore plus déliez, il eſt bon de remarquer deux choſes.

La premiére eſt, que les pores du corps ligneux des plantes, & particuliérement du cheſne ne s'étendent gueres qu'en long & qu'ils ſe traverſent rarement les uns les autres ; & ainſi les fibres d'un morceau de cheſne ne ſe confondant point & demeurant diſtincts d'un bout à l'autre, on doit concevoir ce morceau comme percé d'un tres-grand nombre de petits tuyaux qui paſſent d'une extrémité à l'autre entre les fibres.

La ſeconde choſe à remarquer eſt, qu'un corps ébranlé aſſez rudement pour eſtre rompu, ſe diviſe d'ordinaire ſelon l'ordre de ſes pores. Qu'on frape un peu rudement d'un ais de ſapin ou d'un baſton un peu ſec ſur un corps dur : ils ne manqueront pas de ſe diviſer ſelon la largeur en plusieurs parties, parce qu'elles ont en ce sens moins de liaison.

De ces deux observations, il est aisé de reconnoistre qu'il n'est rien de plus naturel que la division des piéces des chevrons en des parties extrémement déliées, toute bizarre qu'elle paroisse. Ces piéces ont dû par l'ébranlement qu'elles ont souffert, se diviser dans le sens que leurs parties avoient moins de liaison, & par conséquent d'un bout à l'autre, selon l'ordre des fibres; & cette division aura dû se faire en des filets d'autant plus déliez, que l'ébranlement aura esté plus violent & plus universel. On verroit arriver quelque chose d'approchant, si d'un baston l'on frapoit assez fort sur une botte d'alumettes; car elles ne manqueroient pas de se séparer les unes des autres, sans peut-estre qu'il s'en trouvast une rompuë sur la longueur.

5. A l'égard de l'éboulement d'une partie de la Tour du clocher, je ne crois pas que, pour l'expliquer, il soit besoin de faire descendre des carreaux du ciel: une exhalaison enflammée est plus que suffisante pour cét effet. Mais on aura moins de peine à s'en convaincre, si l'on prend garde que la muraille a esté frapée de haut en bas; car l'exhalaison la trouvant en son chemin, & tendant par une loy de nature à continuër son mouvement en ligne droite par les endroits où elle trouvoit moins de résistance, elle a dû, comme effectivement elle a fait, se glisser dans la muraille par le milieu de la maçonnerie; parce que cét endroit n'estant rempli que de blocailles, qui ont moins de liaison que les pierres de taille qui sont sur les dehors, elle a trouvé par-là moins de résistance: mais néanmoins pour peu qu'elle y en ait trouvé,

il eſt aiſé de penſer qu'elle aura dû produire à peu prés le meſme effet que la flamme de la poudre à canon dans les mines, c'eſt-à-dire, qu'elle aura dû renverſer les deux paremens de la muraille juſqu'à une certaine hauteur; & y continuant enſuite ſa route avec moins de force, ſe contenter de les ébranler & écarter un peu l'un de l'autre; & c'eſt-là juſtement tout ce qui eſt arrivé.

6. Comme le cuivre eſt un des métaux les plus aiſez à diſſoudre, il n'y a ce me ſemble pas lieu de s'étonner qu'une exhalaiſon enflammée, & une flamme nourrie de nitre & de ſoufre, telle qu'a eſté celle dont nous rapportons les effets, ait eſté capable de conſumer le fil de laton par tout où elle l'a rencontré; & il eſt ſi naturel à la flamme de ſuivre la matiére à laquelle elle s'eſt une fois attachée, que je ne vois pas que les divers tours que la flam-

me de noſtre tonnerre a faits en-ſuivant ce fil, ſoient plus myſté-rieux que ceux que feroit une flamme ordinaire qu'on auroit ap-pliquée au bout d'une longue trai-née de paille, qui s'étenderoit ſuivant diverſes lignes courbes. Au reſte quand on voudroit rap-porter cét effet à quelque parti-culiére ſympathie entre la flam-me du tonnerre, & le fil de la-ton, on trouveroit aſſez d'alian-ces conſidérables entre la matiére de l'un & de l'autre pour en ren-dre raiſon, & pour expliquer meſ-me comment cette flamme a é-pargné le fer de l'horloge, les clous qui portoient le fil de laton le long des murailles, & les pié-ces de bois ſur leſquelles ces clous eſtoient attachez. L'odeur nous a aſſez marqué que la matiére de l'exhalaiſon de noſtre tonnerre eſ-toit ſoufrée, & le cuivre mis au feu jette une flamme qui par ſa couleur marque ſuffiſamment que ſa matiére tient beaucoup du ſoufre. De plus, comme les exhalaiſons enlevent ſouvent avec ſoy pluſieurs parties des métaux, il ſe pourroit bien faire que les parties métalliques de celle dont nous parlons eſtoient des parties de cuivre; & ainſi cette exhalaiſon, enflammée qu'elle eſtoit, n'aura pas eû de peine à ébranler les parties de laton, & à ſe meſler avec elles; ce qu'elle n'aura pas pû faire ſur les autres ſujets, faute des meſmes rapports; car c'eſt une régle que la nature obſerve éxactement, que les choſes ſemblables conviennent aiſément dans les meſmes mouvemens.

7. Le fracas du cadran du dortoir n'aura rien que d'aiſé à comprendre, quand on ſçaura que la flamme du tonnerre a paſſé de l'horloge au travers d'une muraille épaiſſe de huit pieds par un trou qui conduit une verge de fer à l'aiguille du cadran. Car comme

c'eſt encore une loy de la nature, qu'une matiére en mouvement redouble ſa vîteſſe à proportion que ſon chemin devient plus étroit, & que les corps entre leſquels elle paſſe luy font plus de réſiſtance, le tuyau dont la muraille eſt percée, n'ayant gueres que huit lignes de diamétre, & eſtant d'ailleurs occupé par une verge de fer qui en tient bien ſix, il eſt aiſé de penſer que la flamme aura dû aquerir dans ce détroit aſſez de rapidité, non-ſeulement pour forcer les planches du cadran, qui s'oppoſoient à ſa ſortie, mais encore pour les chaſſer à une auſſi grande diſtance que celle que nous avons marquée. Si elle avoit trouvé dans ſon paſſage un corps plus diſpoſé au mouvement que ne ſont des planches, elle l'auroit infailliblement porté incomparablement plus loin.

8. Enfin pour la friſe peinte le long

long des chambres du dortoir, il me paroist évident que le fil de laton a fourny la meilleure partie des couleurs, & que la flamme du tonnerre en a fait l'application, & tracé les figures. Le cuivre est celuy des metaux qui estant dissous fait paroistre plus de couleurs differentes, & en moins de temps. Il teint ses dissolvans les uns en bleu, les autres en verd & quelques autres dans une couleur qui tient de l'un & de l'autre; de sorte que si l'on joint à cela que le cuivre est naturellement jaune & soufré, & que le fond sur lequel les couleurs ont esté appliquées estoit blanc : on n'aura pas de peine à se figurer que le fil de laton diversement appliqué sur ce fond par la flamme du tonnerre, ait fourny ces couleurs.

On pourra s'en convaincre encore davantage, si l'on fait réfléxion, qu'avec le jaune & le bleu, la lumiere & l'ombre, on peut faire paroiſtre toutes ſortes de couleurs ; & qu'effectivement le jaune & le bleu ſont les couleurs les plus univerſelles & les plus perſévérantes dans la peinture, dont nous parlons ; toutes les autres s'enlevent péu à peu par l'action de l'air & de la lumiere, & celles-cy demeurent comme le fond.

Mais quand on ne voudroit avoir égard ni à la diverſité des couleurs dont le cuivre eſt ſi viſiblement capable, ni aux effets qui reſultent de leur melange, ſi les couleurs en general ne dépendent que de la diverſité des réfléxions ou des réfractions de la lumiere, & ſi celles-cy ne naiſſent que de la diverſité de la ſuperficie des corps : y a-t'il lieu de s'étonner que le fil de laton diſſous & appliqué par la flamme du tonnerre ait pû faire paroiſtre des couleurs ſi differentes ? La moindre inegalité, ou dans le mouvement, ou dans l'ardeur de cette flamme, en aura dû causer de tres-grandes dans la dissolution & dans l'application de la matiere de ce fil; & elle aura dû par consequent en former des superficies tres-differentes, & faire paroistre ainsi une grande varieté de couleurs.

Enfin, ce qui me semble rendre cette conjecture indubitable: c'est que par tout où la flamme du tonnerre a trouvé du fil de laton prés d'une muraille, elle l'a teinte des mesmes couleurs; & qu'aux endroits où ce fil estoit interrompu d'une corde de chanvre, la couleur est interrompuë, & qu'elle recommence où ce fil recommençoit. Une seule chose empesche bien des gens de se rendre à ces raisons: c'est qu'ils ne peuvent croire qu'un fil aussi delié qu'estoit celuy dont nous parlons, ait pû fournir la matiere d'une peinture large de deux pieds, le long de la muraille ſur laquelle il eſtoit tendu.

Mais quiconque penſera combien le cuivre eſt maſſif & condenſé, & juſques où une matiére médiocrement maſſive peut eſtre diviſée, meſme par l'action des agens naturels, & particuliérement par celle de la flamme, & d'une flamme nitrée, & ſoufrée; n'aura plus de difficulté ſur ce ſujet. Aprés tout, je ne voudrois pas nier abſolument que la matiere dont la flamme du tonnerre eſtoit compoſée, n'ait contribué à ces couleurs : il eſt du moins bien certain qu'elle a ſervi de diſſolvant.

Il ne reſte plus qu'à rendre raiſon des figures que cette peinture repreſente; ſçavoir de ces flammes qui s'élancent de part & d'autre, comme d'un centre commun, & qui ſe terminent en pyramides, également en haut & en bas.

Plusieurs personnes ont donné d'abord dans cette pensée ; que la flamme du tonnerre avoit eû, outre son mouvement orizontal, suivant la ligne du fil de laton, un mouvement inégal, serpentant & chancelant, par lequel estant portée tantost en haut & tantost en bas, elle avoit par ces diverses allées & venuës, produit l'effet dont il est question.

Mais ce qui m'éloigne de ce sentiment, c'est que, suivant cette explication, il auroit fallu un temps considerable pour produire cét effet ; & néanmoins il est seur qu'elle l'a produit en un clin d'œil. La raison que j'en ay, est que le fil de laton estoit tendu le long de la muraille par des clous distans les uns des autres, de quinze à seize pieds : or pour peu de temps que la flamme eust employé pour faire ces allées & venuës en haut & en bas, le fil estant consumé à l'endroit où il estoit soûtenu par un clou, auroit necessairement dû tomber par son propre poids, ou du moins pléier ou décliner un peu de la ligne selon laquelle il estoit tendu; & cependant on ne remarque pas, à en juger par la trace qui en reste, qu'il se soit tant soit peu éloigné de cette ligne.

Voicy donc deux explications qui me paroissent plus vraysemblables.

La premiere est que la flamme du tonnerre estant composée d'esprits de nitre & de soufre, leur combat ordinaire devenu encore plus violent par la résistance des parties du cuivre, & par la rencontre des esprits de soufre qu'il contenoit, aura dû forcer plusieurs des parties de cette flamme, à s'élancer de toutes parts, pendant que par un mouvement commun elles suivoient toutes ensemble la ligne sur laquelle le fil de laton estoit tendu. Ces parties de flammes s'échapant ainsi indifféremment de tous costez, plusieurs ont dû glisser le long de la muraille, de part & d'autre du fil de laton qui estoit le centre de leur mouvement; & continuant celuy-cy autant qu'il a esté possible, elles ont dû porter sur toute leur route les parties du cuivre qui estoit dissous. Mais comme l'air voisin faisoit obstacle à leur mouvement, les parties les plus pésantes, & dont les figures estoient plus embarassantes, auront dû rester sur la muraille : avec cette circonstance, que celles qui occupoient le milieu de l'une de ces petites flammes, ayant eû plus de force pour résister à l'effort de l'air, que celles qui estoient sur les costez, celles-cy auront dû ou se dissiper, ou se fixer sur la muraille avant celles-là; & ainsi plus ces flammes se seront élancées avec force, & plus elles auront dû devenir pointuës, sur la fin de leur route : & par conſequent, les veſtiges qu'elles auront laiſſées auront dû garder les meſmes figures.

La ſeconde maniere d'expliquer cét effet, ſe doit prendre de la diſpoſition, & de l'arrangement des parties du fil de laton. C'eſt une choſe connuë que les métaux qui ont eſté allongez en verge ſur l'enclume, ou en fil par la filiere, ſont fort continus & fort liez ſelon leur longueur, mais beaucoup moins ſelon la largeur, par laquelle ils ſe diviſent aſſez aiſément. Il pourroit donc bien eſtre que la flamme du tonnerre s'inſinuant dans le fil de laton par les endroits où ſes parties avoient moins de liaiſon, & continuant ſon chemin avec rapidité le long de ces eſpéces de canaux qu'elles laiſſent entr'elles, elle forçoit & briſoit les murailles de ſes priſons à meſure qu'elle y avançoit. Mais comme les parties du cuivre qu'elle diſſolvoit eſtoient trop maſſives pour pouvoir ſuivre la rapidité de ſon mouvement, elles ont dû, comme matiere étrangere, eſtre repouſſées & chaſſées de part & d'autre, en haut & en bas, & en tout ſens, pendant que la flamme du tonnerre paſſoit par le milieu: à peu prés comme l'eau d'un fleuve eſt contrainte de ſe diviſer en deux, & de s'échaper à droite & à gauche, pour laiſſer paſſer un bateau qui monte avec force vers ſa ſource.

Mais ce qui appuye davantage cette conjecture, ce ſont certains veſtiges qui reſtent encore, & qui apparemment reſteront toûjours dans les endroits meſmes dont toutes les autres couleurs ont déja eſté enlevées. Ces veſtiges ſont noirs, ou du moins extrémement bruns, & ſe trouvent juſtement ſur la ligne, ſur laquelle le fil de laton eſtoit tendu : mais leur figure marque, ce me ſemble, aſſez claifement, que les parties de cuivre qui se dissolvoient, prenoient les routes & la détermination du mouvement que je viens de marquer. Il sera plus aisé d'en juger par la veüë de cette figure : c'est un échantillon de celle dont je parle ; & elle n'en differe que par la largeur, celles qui se trouvent sur la muraille estant de deux pouces de large.

Pag. 164.

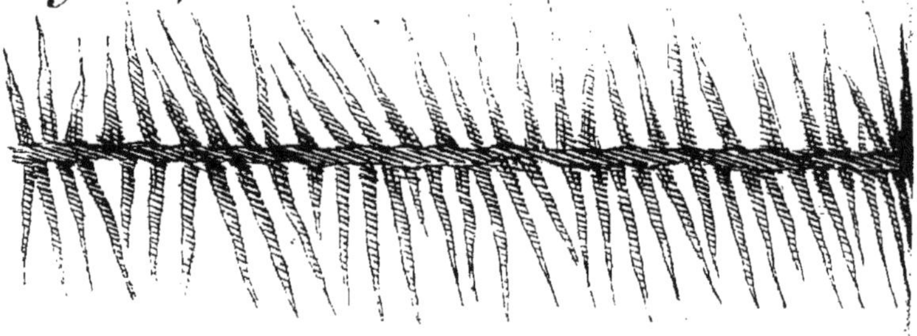

Mais je m'apperçois que je me suis trop étendu sur des choses que je pensois ne toucher que légérement. Ainsi je me dispenseray de parler de cette autre peinture de gris de lin qu'on remarque encore sur un quadre dans nostre dortoir ; aussi bien ne l'expliquerois-je pas d'une autre maniere que j'ay fait celle qui paroist plus considerable.

Toutefois je ne puis omettre une autre particularité qui est encore un sujet d'admiration pour bien des gens : c'est que la corde de chanvre dont j'ay dit auparavant que le fil de laton estoit interrompu & allongé, est demeurée dans son entier, quoy-que la flamme du tonnerre ait tres certainement passé par dessus. Cette préférence de la corde de chanvre au fil de laton est considerable. Mais outre qu'on en pourra trouver quelques raisons dans ce qui a esté dit dans le sixiéme nombre, on peut encore ajoûter que cette difference vient de la diversité de l'arrangement des parties de ces deux sujets. Le chanvre est un corps tres mol; ses parties sont peu serrées & extraordinairement fléxibles : le cuivre est beaucoup plus dur; ses parties bien plus serrées, & bien moins flexibles : & ç'en est assez pour déterminer toutes les personnes raisonnables à juger que la matiere de la flamme de nostre tonnerre estant subtile & pénétrante, aura trouvé des passages assez ouverts dans le chanvre pour le traverser, sans peut-estre causer le moindre ébranlement à ses parties ; au lieu qu'elle n'aura pû s'insinuër dans les pores du cuivre, sans forcer ses parties & sans les dissoudre.

Enfin, il ne faut pas oublier à dire que le tonnerre tomba sur ce mesme Monastere il y a dix ans ; qu'il y suivit les mesmes routes ; & qu'excepté la peinture du dortoir, il produisit les mesmes effets qu'on y remarque aujourd'huy. Je suis témoin des uns & des autres. Nostre situation paroist assez exposée à ces accidens. Nous sommes dans le centre d'une petite plaine qui est environnée de montagnes ; & lors que des

des nuës un peu chargées se sont une fois engagées dans cette espece de cave, il est malaisé qu'elles puissent s'en dégager ; & si avec cela, plusieurs vents contraires s'élevent en mesme temps, comme il est ordinaire dans les orages, c'est une necessité que les nuës soient chassées vers le centre, c'est à dire audessus de nostre Monastere ; & alors la hauteur des bastîmens, ou l'ébranlement de l'air causé par le son des cloches, peut les déterminer à crever par dessous. Mais comme ce que je dis icy de l'effet du son des cloches, & ce que j'en ay dit dés le commencement de ce Traité, pourroit bien ne pas entrer dans le sens de tout le monde, il est besoin de l'expliquer un peu davantage.

Il faut donc remarquer que quoy que le son des cloches & mesme le bruit du canon soit souverain contre le tonnerre, lors que les nuës ſont quelque peu éloignées des lieux où on l'excite, il en eſt tout le contraire lors qu'elles répondent immédiatement ſur ces lieux. La raiſon de cecy eſt que lors que les nuës qui portent la foudre ſont éloignées, l'agitation de l'air cauſée par le ſon, eſt capable de les écarter, ou du moins de s'oppoſer à leur approche : mais lors qu'elles répondent juſtement ſur les lieux où l'on ſonne, l'air ébranlé par le ſon venant à les frapper par deſſous, les affoiblit néceſſairement & les détermine ainſi à s'ouvrir par le bas, & à laiſſer échapper la foudre.

Au reſte, cecy ne regarde que l'ordre naturel, & le train ordinaire des choſes. Car je ſçay bien qu'il y a un ordre plus relevé ſelon lequel Dieu pourroit avoir attaché au ſon des cloches l'éloignement & la préſervation de la foudre, en quelque diſpoſition que les nuës pussent se trouver. Les Philosophes expliquent la Nature : mais aprés tout, Dieu est Maistre de la Nature. C'est ce que je reconnois, & où je me tiens invariablement, & pour cecy & pour toutes choses.

CONJECTURES

SUR LES MERVEILLEUX EFFETS

DU TONNERRE

TOMBÉ A LAGNI

sur l'Eglise de Saint Sauveur le 18. Juillet 1689.

DESSEIN.

LORS que j'écrivis sur le Tonnerre de Soissons, je crus qu'il estoit malaisé de trouver rien de plus extraordinaire en ce genre: voicy cependant de nouvelles singularitez de la façon du tonnerre de Lagni, par lesquelles il paroist avoir beaucoup encheri sur celuy de Soissons. Dans celuy-là il avoit fait le personnage de peintre : il vient dans celuy-cy de faire celuy d'imprimeur, &

d'imprimeur qui ſçait la langue Latine.

La nouveauté de cét évenement a fait penſer que ſi l'on en pouvoit trouver une explication naturelle, il ſeroit bon de la joindre à celle du premier, & de les faire paroiſtre en meſme temps, afin d'achever par là d'arracher des cœurs & des eſprits ce qui pourroit y reſter de ſuperſtition ſur ces matiéres.

Cela m'a engagé à rappeller des idées depuis long-temps fort negligées. Peut-eſtre néanmoins que l'aſſemblage que j'en ay fait pour l'explication de cét événement, pourra ſervir à faire voir que s'il en eſt peu de plus capables que celuy-cy, d'inſpirer des ſentimens ſuperſtitieux; il en eſt peu auſſi dont une explication un peu naturelle ſoit plus propre à bannir une bonne fois des eſprits cette importune maladie. Pour amener les gens à ce double point de veûë, il ne faut, ce me semble, 1° que faire la description de ces nouveaux effets suivant les relations & les conjectures populaires; & puis 2°, proposer mes conjectures sur ces effets, suivant les observations plus exactes que j'ay faites moy-mesme.

SECTION I.

Description des effets suivant les relations & les conjectures populaires.

SI la diversité & la bizarrerie des mouvemens & des pensées que le peuple a eûs sur les effets du tonnerre de Lagni, pouvoient recevoir quelque excuse, on la trouveroit asseûrément dans l'extraordinaire & le merveilleux de cét évenement. Car en effet, que peuvent naturellement penser des esprits accoustumez à chercher myſtére dans les choſes le plus évidemment naturelles? des hommes dont toute la Philoſophie ne paſſe pas les ſens? lors qu'ils apprennent,

1° Que le tonnerre s'eſt precipité, non ſeulement ſur le clocher d'une égliſe, qu'il a dépoüillé de ſes ardoiſes; non ſeulement ſur prés de cinquante perſonnes qui prioient Dieu dans cette égliſe, ou qui ſonnoient les cloches, & leſquelles perſonnes ont toutes eſté violemment renverſées par terre, mais auſſi ſur le grand autel où il a fait bien du deſordre.

2° Qu'il a renverſé & briſé le piédeſtal ſur lequel la figure du Sauveur eſtoit élevée au haut du retable d'autel; ce qui toutefois n'a pas empeſché que cette figure ne ſoit demeurée miraculeuſement ſuſpenduë dans la meſme place, car c'eſt ainſi qu'on le raconte.

3° Qu'il a enlevé le rideau dont le tableau de l'autel estoit couvert ; & qu'en un instant, il l'a retiré de la verge de fer qui le soûtenoit, & jetté par terre sans avoir ni rompu, ni fondu aucun de ses anneaux qui n'estoient que de cuivre, & sans avoir déplacé la verge de dessus les pitons qui la portoient.

4° Qu'il a renversé l'huile de la lampe qui brûloit devant le grand autel.

5° Qu'il a brisé en deux piéces la pierre sur laquelle on consacre.

6° Qu'il a dechiré en quatre éces le carton sur lequel le Caon de la Messe estoit imprimé.

7° Qu'il a dechiré la nappe de l'autel, & le tapis qui la couvroit, l'un & l'autre d'une maniere fort singuliere ; c'est-à-dire en forme de croix de Saint Anthoine.

8° Qu'on a veû le grand autel tout en feu.

9° Qu'il a brûlé une partie des nappes & du tabernacle, sur lequel il a formé plusieurs ondes noires.

10° Qu'enfin il a imprimé en un instant, sur la nappe de l'autel, les sacrées paroles de la consécration, à commencer depuis celles-cy, *Qui pridie quàm pateretur, &c.* jusques à ces autres inclusivement, *Hæc quotiescumque feceritis, in mei memoriam facietis*; n'ayant omis que celles qu'on a accoûtumé d'imprimer avec quelque distinction, sçavoir *Hoc est corpus meum*; & *Hic est sanguis meus, &c.* Voicy la disposition éxacte de cét écrit, de la maniére qu'il est sur la nappe.

Qui pridie quàm pateretur, accepit panem in sanctas ac venerabiles manus suas : & elevatis oculis in cœlum, ad te Deum Patrem suum omnipotentem, tibi gratias agens, benedixit, fregit, deditque Discipulis suis, dicens, Accipite, & manducate ex hoc omnes. *

* *Il passe icy le* Hoc est enim corpus meum.

Simili modo postquàm cœnatum est, accipiens & hunc præclarum calicem in sanctas ac venerabiles manus suas: item tibi gratias agens, benedixit, deditque discipulis suis, dicens, accipite & bibite ex eo omnes. *

* *Il passe icy le* Hic est enim calix Sanguinis mei, novi & æterni testamenti, mysterium fidei, qui pro vobis & pro multis effundetur in remissionem peccatorum.

Hæc quotiescumque feceritis, in mei memoriam facietis.

Que peuvent, dis-je, ſe figurer des eſprits peu Philoſophes ſur une relation auſſi cruë & auſſi ſurprenante que celle-là ? que penſer de ce choix, de ce diſcernement, de cette myſtérieuſe préference de quelques paroles aux autres ? quelles ſeront les privilegiées, ou de celles qui ſont écrites, ou de celles qui ſont omiſes ? que s'imaginer de cette prodigieuſe ſuſpenſion de la figure du Sauveur ? que ſoupçonner de cette bizarre impreſſion de croix ? comment ſe défendre ſur tout cela de mille funeſtes ombrages, de mille terreurs paniques, de mille cruelles inquiétudes ?

Je ne ſçay ſi autrefois le malheureux Baltazar inopinément frappé du terrible ſpectacle d'une main inconnuë, qui ſur les murailles de ſa ſale écrivoit en chiffres ſon arreſt de mort, fut agité de plus de differentes penſées

& de divers mouvemens, que ne l'ont eſté la pluſpart des ſpectateurs, & meſme des auditeurs des effets du tonnerre de Lagni. Car enfin, l'on ne doute pas que ce ne ſoient de vrais prodiges beaucoup au deſſus de toutes les forces de la nature corporelle : l'on n'heſite pas à regarder les eſprits comme les ſeuls opérateurs de ces merveilles ; on n'eſt en peine que de ſçavoir ſi ces eſprits ſont du nombre des bons ou des mauvais. Les uns tiennent pour les bons : & ils en jugent ainſi par l'omiſſion de ces paroles, *Hoc eſt corpus meum*, & *Hic eſt ſanguis meus*, *&c.* qu'ils croient avoir eſté faite par reſpect pour le myſtére.

Les autres ont recours aux malins eſprits ; & ſur cela l'on eſt encore partagé. Il y en a qui veulent que ce ſoient des eſprits malins d'une malice noire, pour avoir ainſi profané les choſes ſaintes, & ſupprimé par mépris & par quelque mauvais deſſein, des paroles ſi eſſentielles au myſtére : & les autres ſoûtiennent que ce ne ſont que des eſprits folets, qui ont fait plus de peur que de mal ; & qui ont voulu ſe divertir, eux & les autres, par cette varieté de mouvemens & cette bizarrerie d'effets.

Quelques-uns enfin veulent qu'il entre dans cét événement, de toutes ces ſortes d'eſprits ; & que les bons ſe ſoient oppoſez à tout le mal que les mauvais avoient deſſein de faire.

Pour moy, l'on me pardonnera bien ſi je n'entre dans aucun de tous ces partis. Ce n'eſt pas que je revoque en doute le pouvoir des bons & des mauvais anges. Il eſt vray que je ſuis perſuadé qu'ils n'en ont nul ni ſur les ames, ni meſme ſur les corps, que celuy que Dieu a bien voulu leur donner, en joignant à leurs desirs inefficaces ses volontez toûjours efficaces. Mais cependant il me paroist qu'il est de l'ordre, qu'à raison de leur excellence, Dieu leur ait donné pouvoir sur les corps, substances qui leur sont de beaucoup inferieures; & quoique les mauvais anges soient décheûs de ce droit par leur peché, l'Ecriture néanmoins nous les represente toûjours, comme ayant encore quelque usage de ce pouvoir pour l'exercice des hommes.

Mon dessein n'est donc pas de rien diminuer de la puissance des esprits : mais il me paroist qu'on y a recours trop facilement & trop frequemment; & j'ay peine à souffrir que pour rendre raison de quelques effets dont la cause ne saute pas d'abord aux yeux, on convoque tout ce qu'il y a de vertus & de puissances celestes ou infernales. Dieu a établi certaines loix générales de mouvement pour la conservation de ce monde corporel : il les suit réguliérement, & ne s'en départ que le moins qu'il est possible. Les hommes devroient imiter sa conduite, lors qu'ils veulent raisonner sur ses ouvrages. Ils ne devroient jamais perdre de veüe ces sages loix dans leurs réflexions sur les choses Physiques, que lors qu'ils voyent clairement que les événemens de question ne peuvent estre une suite de ces loix.

Mais c'est ce que j'espere qu'on ne verra pas dans les effets du tonnerre de Lagni, non plus que dans ceux de celuy de Soissons : puis que je m'attens au contraire de faire voir qu'ils n'en sont qu'une suite naturelle ; & qu'ils ne renferment rien dont on ne puisse rendre raison par le moyen d'une exhalaison enflammée. Tentons donc encore une fois cette voye.

SECTION II.

Conjectures sur ces effets, suivant des observations plus exactes.

§. I.

Explication du premier effet.

I. LA chute du tonnerre sur le clocher & sur le grand autel, & le fracas des ardoises n'ont rien qui n'ait cy-devant esté suffisamment expliqué dans les effets du tonnerre de Soissons. Voyez les trois premiers articles.

Il faut seulement remarquer icy que le tonnerre de Lagni n'est pas tombé perpendiculairement sur l'autel : mais un peu obliquement, & suivant une ligne, laquelle avec la table de l'autel concouroit dans un angle de prés de soixante degrez. Car il est entré par la fenestre, qui est au desſus du retable d'autel, en enfonçant une pierre d'un de ſes meneaux, & quelques carreaux de vitre du coſté de l'Evangile; & de là paſſant ſur un coin du piédeſtal qui portoit la figure du Sauveur, & enſuite ſur le rideau qui couvroit le tableau, il s'eſt lancé ſur la pierre ſur laquelle on conſacre. Ce que je remarque à deſſein, pour confirmer ce que quelques phyſiciens ont avancé, qu'ordinairement le tonnerre tombe de travers & ſuivant une ligne oblique, & que c'eſt une des raiſons qui fait que les corps les plus élevez en ſont plus frequemment frapez.

II. Le renverſement par terre du peuple qui eſtoit dans l'égliſe, n'a nullement eſté cauſé immediatement par la foudre: nul d'entre eux ne s'en eſt trouvé bleſſé; quoy-que dans le moment ils criaſſent tous qu'ils eſtoient morts. La ſeule violence du bruit jointe à la vivacité de l'éclair pouvoit ainsi terrasser les gens.

Je dis, *jointe à l'éclair*: car les nuës estant fort basses lors que le tonnerre tombe, le son suit de prés l'éclair; de sorte que l'un & l'autre frapant en mesme temps violemment un homme, il n'en faut pas davantage pour débander, malgré luy, les ressorts qui tiennent le corps élevé, & l'obliger ainsi à ployer & tomber par terre. Ce n'est pas d'aujourd'huy que de pareils mouvemens violens ont engagé ceux qui s'en sont trouvé surpris, non-seulement à ployer ou à baisser la teste malgré eux; mais mesme à esquiver & à fuir. Il en est peu qui entendant inopinément tirer auprés d'eux un coup de canon, puissent résister à la violente impression que ce bruit fait dans les muscles destinez au marcher, qui ne se sentent comme emportez malgré eux hors de là; ou du moins qui ne fassent quelque mouvement, ou de la teste, ou de tout le corps, pour esquiver.

Et veritablement on voit bien qu'il estoit de la sagesse de nostre Createur, de mettre entre nos corps & les mouvemens violens de ceux qui nous environnent, un tel rapport, que ceux-là s'éloignassent naturellement de ceux-cy, lors que ceux-cy sont en état de leur nuire. Si pour éviter un danger, il estoit toûjours nécessaire d'attendre qu'on s'en fust apperceû, l'on se trouveroit souvent en estat d'en estre surpris, & & de ne le pouvoir plus éviter.

III. Mais outre cette cause du renversement de ceux qui estoient dans l'église, il y en a encore une qui n'est pas moins réelle, sçavoir l'extrême agitation & compression de l'air, causée par la violente irruption de la foudre. Car il est visible que l'air ainſi comprimé, appeſanti & meû de haut en bas, aura deû forcer les gens à ſuccomber & à ſe proſterner contre terre.

§. II.

Explication du deuxiéme effet.

I. LE renverſement & le briſement du piédeſtal ſur lequel portoit la figure du Sauveur, n'ont rien ni de merveilleux, ni de difficile à expliquer.

Ils n'ont *rien de merveilleux*; puiſque ce piédeſtal s'eſt rencontré ſur le chemin de la foudre.

Rien de difficile; puis que ſi une exhalaiſon enflammée peut bien renverſer des tours, & faire ſauter des baſtions; & ſi celle qui tomba à Lagni, a pû enfoncer une pierre, pour ſe faire un chemin; on peut bien penſer qu'ayant rencontré ſur ſa route un piédeſtal de menuiſerie, elle n'aura pas eû de peine à le renverſer.

II. A l'égard de cette prétenduë miraculeuſe ſuſpenſion de la figure du Sauveur, elle n'a eſté qu'apparente. Il eſt vray qu'à ne regarder cette figure que d'enbas, on ne s'appercevoit nullement qu'elle fuſt ſoûtenuë; tout paroiſſoit porter en l'air; mais dés qu'on a monté au haut du retable d'autel, on a trouvé qu'elle eſtoit attachée par derriére à une barre de fer; & ainſi a ceſſé le miracle pour ceux qui ont fait cette découverte.

Mais pour mille autres qui n'y ont eû nulle part, & qui auroient meſme eſté faſchez d'eſtre détrompez à cét égard, ce ſera éternellement un miracle; & comme tel il ſera porté dans les provinces les plus reculées. Car de toutes les œuvres de Dieu, il n'y a que les miraculeuſes qui ſoient du gouſt du peuple, & qui prouvent bien l'exiſtence & la puiſſance d'un premier Eſtre. D'un grain de bled pouri en faire naiſtre cent autres, n'eſt rien en comparaiſon de ſuſpendre une figure en l'air. Cette ſuſpenſion, ſelon eux, prouve évidemment la divinité; & ſuſpendre en l'air depuis tant de ſiecles, Saturne, Jupiter, & tant d'autres corps pluſieurs fois plus grands & plus peſans que toute la terre; & regler leurs mouvemens d'une maniére ſi conſtante, ſi uniforme, & ſi proportionnée à nos beſoins, ne prouve rien. A ne voir que cela, & cent autres choſes pareilles, on meurt athée, comme ſi l'on ne voyoit rien.

§. III.

Explication du troiſiéme effet.

I. LE myſtere du rideau ceſſera encore de l'eſtre, dés qu'on ſçaura qu'il n'eſt pas vray que la verge de fer qui ſoûtenoit le rideau, n'ait point eſté deplacée de dessus les pitons ; & qu'il est vray au contraire qu'elle a esté jettée par terre avec eux. Ce qu'il y a donc de surprenant, c'est que tout ayant esté renversé par terre, verge, pitons & rideau ; ce rideau néanmoins se soit trouvé parfaitement separé de sa verge, sans qu'aucun de ses anneaux, qui n'estoient que de cuivre, ait esté ou rompu, ou fondu. Mais on reviendra facilement de cette surprise, si l'on fait réflexion que le mouvement de l'air, & celuy de l'exhalaison enflammée ont également concouru à cét effet. Car l'un & l'autre se mouvant du mesme costé, c'est à dire vers le costé de l'Epistre ; il est aisé qu'ayant rencontré le rideau en leur chemin, ils l'ayent poussé devant eux avec assez de violence pour arracher les pitons qui soutenoient la verge. Mais comme celuy du costé de l'Epistre, où aboutissoit tout l'effort, aura deû ceder le premier; le bout de la verge, qu'il portoit, venant à pancher, pendant que l'autre estoit encore un peu soûtenu, l'on comprendra sans peine que tous les anneaux du rideau tiré d'une part par son propre poids, & poussé de l'autre par le mouvement de l'air & de l'exhalaison, auront pû se dégager de la verge en aussi peu de temps qu'il en aura fallu à celle-cy, pour tomber du haut du retable d'autel.

II. L'on voit donc bien par là, de quelle maniére le tonnerre a pû défiler ces anneaux sans les rompre. Ce qu'on ajoûte maintenant comme un sujet d'étonnement, qu'il n'en ait fondu aucun; cela prouve seulement que sa flamme n'estoit pas, à beaucoup prés, si vive ni si pénétrante que l'estoit celle du tonnerre de Soissons: c'est la difference de la matiere des exhalaisons qui fait celle des effets.

§. IV.

§. IV.

Explication du quatriéme effet.

L'Epanchement de l'huile de la lampe ne doit estre attribué qu'à la compression & au mouvement de l'air. Qui peut renverser un homme par terre, peut bien ébranler une lampe suspenduë en l'air par une corde, jusques à en répandre l'huile.

§. V.

Explication du cinquiéme effet.

I. Pour entendre de quelle maniere la pierre sur laquelle on consacre, a pû estre brisée & fenduë en deux, justement par le milieu, il faut sçavoir, 1°, que cette pierre est d'ardoise, matiere assez fragile ; 2°, qu'elle a un pied de largeur, environ un pied & demi de longueur, & un pouce & demi d'épaisseur ; 3°, qu'elle eſtoit enchaſſée dans la table de l'autel, qui eſt de bois : mais tellement enchaſſée, qu'elle ne portoit que par les coſtez ſur deux petites planches, chacune de trois pouces de largeur, leſquelles laiſſant entr'elles un eſpace de pres de ſix pouces, la pierre portoit à faux en cét endroit, & n'eſtoit ſoûtenuë de rien dans tout cét eſpace.

II. Il n'en faut pas davantage pour expliquer comment la foudre tombant ſur cette pierre a deû la caſſer par le milieu. Car tout le monde ſçait que lors qu'un corps eſt ſoûtenu par ſes extrémitez, & qu'il eſt un peu fragile; rien n'eſt plus aiſé que de le caſſer, en le frapant dans l'endroit où il n'eſt pas ſoûtenu, & où il porte à faux.

C'eſt ainſi que faiſant porter les extrémitez d'un baſton ſur les bords de deux verres, & le frapant d'un autre baſton par le milieu, on le briſe en deux ſans meſme ébranler les verres ; & qu'au contraire, on ne peut pas meſme failer une glace de miroir, quoy-que pour la polir on luy donne de toute ſa force mille coups d'un poliſſoir de metail, pourveû que cette glace porte par tout à plein ſur le plan ſur lequel elle eſt poſée. La raiſon de cela eſt, qu'on ne peut la preſſer en aucun endroit qui ne ſoit ſoûtenu par un pareil endroit du plan ſur lequel elle porte ; & ainſi ce plan recevant tous les contre-coups des impreſſions qu'on fait ſur la glace ; il ne ſe peut faire qu'il ne la ſauve du fracas, au lieu que n'y ayant rien qui reçoive le contrecoup du coup dont on frape un baſton poſé ſur deux verres ; c'eſt une neceſſité qu'il ſe briſe pour peu qu'il ſoit ſec.

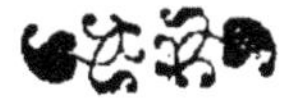

§. VI.

Explication du ſixiéme effet.

I. LA diviſion du carton, qui contenoit le Canon de la Meſſe, ne peut eſtre ni bien entenduë, ni bien expliquée ſans quelques remarques.

Il faut donc obſerver, 1°, que ce carton eſtoit triple; c'eſt-à-dire composé de trois parties jointes enſemble par le moyen de quelques bandes de papier, qui laiſſoient entre ces parties aſſez d'intervalle pour qu'elles puſſent ſe déployer & ſe ployer les unes ſur les autres avec une égale facilité.

2°, Que ce carton s'eſt trouvé diviſé d'un bout à l'autre; 1. à l'endroit de ces bandes, ce qui la réduit en trois piéces; 2. dans le fort du carton du milieu, qui eſtoit un peu plus large que les deux autres; ce qui a produit quatre piéces.

3° Qu'il paroist par l'inspection de ces deux derniéres parties, & des costez par lesquels elles se joignoient auparavant, que cette division ne s'est faite ni par le glaive, ni par l'action du feu, mais par un vray déchirement, car ces costez sont tout dentelez & pleins d'inegalitez.

4° Qu'avant la chute du tonnerre ce triple carton tout déployé estoit étendu sur la pierre qui a esté brisée; de-sorte que la partie du milieu répondoit juste au milieu de la pierre.

II. Avec ces observations il est aisé d'expliquer comment le carton a esté divisé en quatre parties, sans que ces parties ayent changé ni de place ni de situation.

Car 1°, les parties des costez ne tenant à celle du milieu que par quelques bandes de papier aisées à casser ou à déchirer, la flamme du tonnerre lancée violemment ſur ce carton, aura deû ou caſſer ou déchirer ſes bandes. On peut ſur cela prendre quel parti l'on voudra; l'un & l'autre eſtant également probables.

Il eſt probable qu'elles auront eſté caſſées : car ayant quelque largeur & nulle épaiſſeur en comparaiſon des cartons qu'elles joignoient, elles ne pouvoient remplir tout l'eſpace compris entr'eux; de ſorte que le ſurplus de cét eſpace n'eſtant plein que d'air, il eſt aiſé de juger que l'impreſſion violente de la flamme ſur toute l'étenduë du triple carton, aura deû comprimer cét air, juſques à caſſer les bandes qui le renfermoient. C'eſt ainſi que les blanchiſſeuſes frapant d'un batoir ſur leur linge, le caſſent dans les endroits où il ſe trouve quelque portion d'air renfermée, ſi elles n'ont ſoin de luy faire quelque ouverture. C'eſt ainſi que d'une main frapant ſur l'autre, ſur laquelle on a diſpoſé une feuïlle d'arbre, de maniere à intercepter une certaine quantité d'air, on la caſſe avec éclat.

Il eſt encore probable que ces bandes auront eſté déchirées : car il eſt tres-difficile que frapant avec violence ſur de la carte ou ſur du papier, on n'en étende les parties. C'eſt ainſi que les relieurs battant enſemble pluſieurs feuïlles de papier ſur une pierre, les étendent & les allongent en tout ſens. Mais comme cette extenſion du papier ne peut aller que juſques à un certain terme, au-delà duquel ſi l'on continuë à le battre, on le dechire; il peut bien eſtre arrivé que l'impreſſion de la flamme ſur le carton, aura d'abord eſté aſſez violente, pour dechirer les bandes de papier qui joignoient les parties de ce carton, & tout cela ſans les déplacer notablement. Mais c'eſt trop s'arreſter à des choſes trop aiſées.

2° La rupture du principal carton, juſtement par le milieu, & dans le fort de ſon épaiſſeur, eſt aſſurément moins facile à expliquer.

On pourroit peut-eſtre ſe figurer que le meſme coup de foudre qui a briſé la pierre de l'autel, aura fendu le carton qui la couvroit, & meſme que la rupture du carton aura deû précéder celle de la pierre qui eſtoit deſſous.

Mais on abandonnera cette penſée, & l'on verra bien au contraire que la rupture de la pierre aura precedé celle du carton, ſi l'on fait reflexion que lors qu'un corps dur & fragile eſt couvert d'un corps mou, s'ils ſont en meſme temps frapez du meſme coup, il n'arrive preſque jamais que ce qui a eſté capable de briſer le fragile, faſſe la moindre inciſion au corps mou; & effectivement l'on voit tous les jours des os de bras & de jambes brisez, ſans que la peau ſoit ſeulement entamée. La raiſon eſt que les corps mous eſtant pliables, ils peuvent ceder & obéïr à un coup ſans ſe rompre : au lieu que les corps durs & fragiles eſtant infléxibles, ils ne peuvent ceder ſans ſe briſer.

III. Voicy donc quelque choſe de plus vrayſemblable. Quoyque la foudre tombant ſur la pierre n'ait pas deû, de l'effort de ſa chute, diviſer la carte ; néanmoins ayant d'abord caſſé la pierre, il eſt fort apparent qu'elle aura fait ſur cette carte, à l'endroit qui répondoit à la fente de la pierre, un peu plus d'impreſſion que ſur ſes autres parties, & que cette carte eſtant ployable aura un peu cedé en cét endroit, & formé une eſpece de petit canal le long de cette fente. Il n'en aura pas fallu davantage pour déterminer la flamme à paſſer par cét endroit au travers de la carte, & à y passer avec d'autant plus de facilité, qu'elle ne trouvoit rien de l'autre costé qui luy resistast. Mais comme la fente de la pierre estoit extrémement étroite ; & que c'est une loy inviolablement observée dans la Nature (comme nous l'avons déja remarqué sur le Tonnerre de Soissons) que les corps liquides redoublent la rapidité de leur mouvement à mesure qu'ils rencontrent un chemin plus étroit, on peut bien penser que nostre flamme lancée, d'une part avec une extréme violence, & ne rencontrant d'ailleurs au-delà du carton, qu'un chemin qui ne servoit qu'à redoubler sa rapidité ; elle aura deû traverser ce carton avec tant de violence en cét endroit, qu'il en aura deû estre dechiré d'un bout à l'autre, sans mesme estre obligé de changer de place.

Et c'est justement ce qui est

arrivé : car les costez de ce carton qui se joignoient auparavant, marquent assez par les dents & par les inégalitez qui y regnent d'un bout à l'autre, ainsi que nous l'avons observé cy-dessus, qu'ils ont esté vrayment dechirez.

IV. Mais afin qu'on ne croye pas que ce que je viens de dire du passage de la flamme par l'ouverture de la pierre, soit une imagination sans fondement, en voicy deux preuves incontestables. L'une que ce passage est encore, & sera apparemment long-temps marqué sur cette pierre, d'une maniere aussi sensible que si l'on venoit actuellement de brusler le long de sa fente une trainée de poudre à canon. L'autre preuve est que la flamme est effectivement entrée dans le coffre de l'autel; que s'y trouvant trop à l'étroit elle y a fait du fracas & éclaté quelques morceaux de planche, de dedans en dehors; & qu'il ne paroist pas qu'elle y ait pû entrer que par les ouvertures de la pierre.

§. VII.

Explication du septiéme effet.

I. CE que nous venons de dire pour l'explication du sixiéme effet facilitera beaucoup l'intelligence du septiéme: car il est aisé de comprendre que la flamme du tonnerre ayant traversé la carte avec assez de rapidité & d'effort pour la dechirer, elle n'aura pas fait meilleure composition à la nappe d'Autel qui estoit entre le carton & la pierre, & au tapis de serge qui estoit sur le carton; & que ces étoffes s'estant rencontrées dans le chemin par lequel la flamme enfiloit la fente de la pierre, elles auront deû avoir le mesme sort que la carte, & estre dechirées comme elle,

elle, préciſément à l'endroit qui répondoit à cette fente. C'eſt auſſi ce qui eſt arrivé; & ces étoffes ſont tellement dentelées & effilées aux endroits de leur ſéparation, qu'il ne faut que des yeux pour avoüer qu'elles ont eſté vrayment déchirées.

II. Il ne paroiſtra peut-eſtre pas ſi aiſé d'expliquer pourquoy ſur les deux bouts des fentes de ces étoffes il y a deux autres ruptures, en un ſens different; leſquelles, avec les fentes ſuſdites, forment de ces eſpeces de croix que l'on appelle de Saint Anthoine, à peu prés en la maniére qui ſuit.

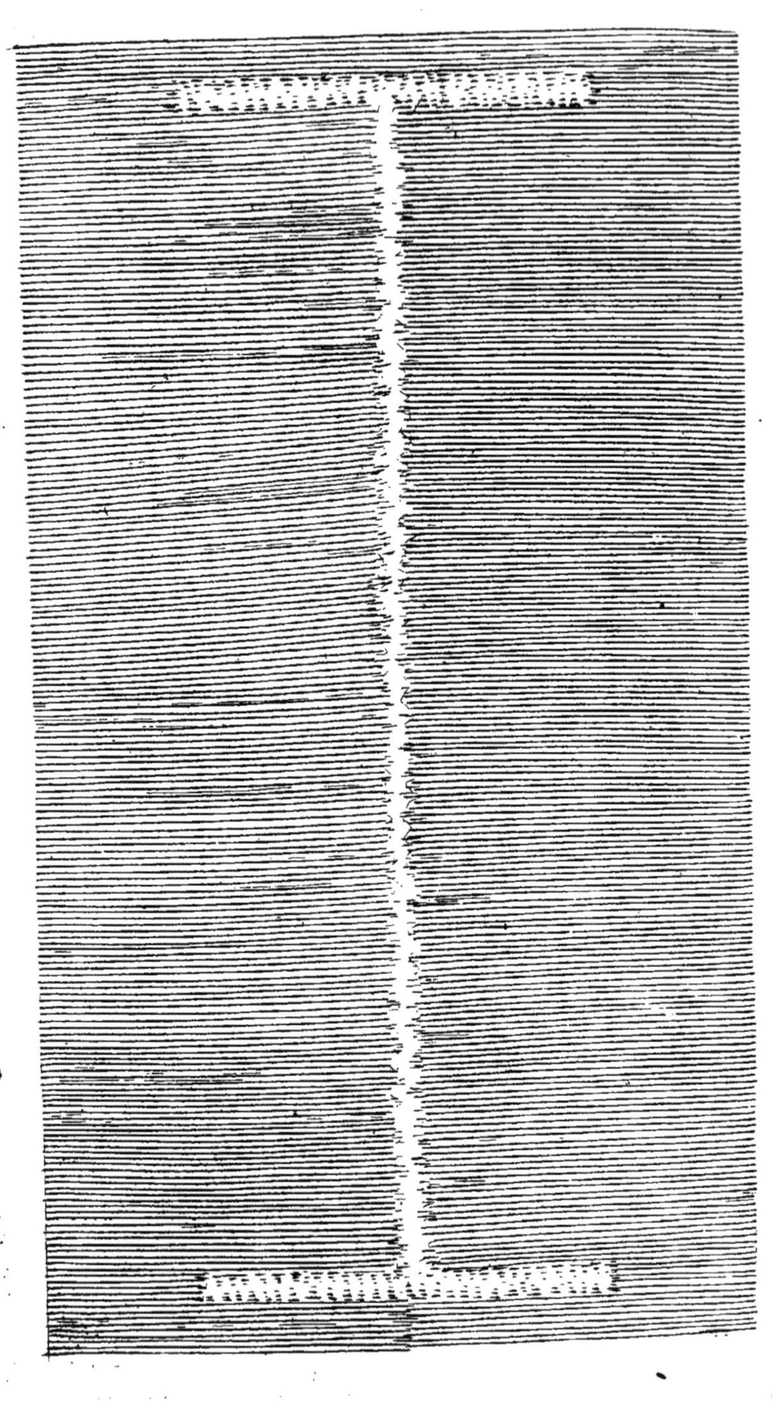

Cependant, ſi l'on prend garde que ces deux ruptures ne ſont au plus que de ſix pouces de longueur; ſi l'on remarque qu'elles arrivent préciſément au defaut de la pierre, ſur ſes extrémitez & à l'endroit où nous avons dit que la pierre portoit à faux dans l'eſpace de ſix pouces, circonſtances que j'ay moy-meſme obſervées en appliquant la nappe & le tapis ſur la pierre; enfin ſi l'on fait reflexion que la pierre n'a pû eſtre ſi éxactement enchaſſée dans la table d'autel, qu'il n'ait reſté quelque ouverture entre elle & le bois: il ſera malaiſé de douter que ces ruptures ne ſoient arrivées, comme les autres, par l'impétueuſe irruption de la flamme entre la pierre & le bois, juſtement aux endroits où la pierre portoit à faux; car il n'y a pas moins de raiſon que ce dechirement ſoit arrivé en ces endroits, que ſur la fente de la pierre.

Mais il n'a pû en arriver autant aux autres endroits entre la pierre & le bois : parce que celle-là portant par tout ailleurs ſur des planches, celles-cy auront deû ſoûtenir l'effort de la flamme qui ſe preſentoit pour paſſer ; & empeſcher ainſi que les étoffes n'ayent eſté déchirées en ces endroits.

Je ne vois qu'une difficulté qu'on puiſſe raiſonnablement opposer à cecy ; & qui conſiſte à ſçavoir d'où vient que la flamme du tonnerre n'a pas bruſlé ces étoffes plûtoſt que de les dechirer. Mais comme l'éclairciſſement de cette queſtion dépend de ce que nous avons à dire ſur les deux effets ſuivans, nous le réſerverons en cét endroit.

§. VIII.

Explication du huitiéme & neuviéme effet.

I. A L'égard de ce que l'on rapporte dans ces deux articles, il y a du vray & du faux. Ce qui est vray, c'est qu'on a bien pû voir le grand autel tout en feu ; mais il est faux qu'il ait bruslé les nappes & la dorure du tabernacle : tout cela est encore en son entier ; & aprés l'avoir bien examiné, je n'ay pas trouvé que le feu ait bruslé un seul filet en nul endroit ; & sans vouloir icy rappeller cét ancien & fameux miracle du buisson ardent qui brusloit & ne se consumoit point, je tiens tres-possible qu'une partie de la flamme du tonnerre de Lagni ait resté quelques momens sur l'autel sans y rien brusler.

II. On n'aura pas de peine à ſe le perſuader, ſi l'on veut bien faire réflexion que les flammes de tonnerre tiennent de la nature des exhalaiſons dont elles ſont formées; & que comme il eſt de certaines exhalaiſons graſſes, & dont les parties ſont fort délicates & ont tres-peu de ſolidité, la flamme qui en reſulte ne peut eſtre que tres-legere, peu vive, peu inciſive, & beaucoup voltigeante.

Telles ſont ces flammes qu'en certaines ſaiſons de l'année, on voit voltiger ſur des terres graſſes, & que, par cette raiſon, on appelle feux folets.

Telles eſtoient celles qu'une perſonne m'a dit avoir veuës avant le jour s'attacher à des chevaux de caroſſe échauffez du travail : car ils les portérent aſſez loin ſans qu'elles leur euſſent bruſlé ſeulement un poil.

Telles ſont enfin (pour ne pas

ſortir de noſtre ſujet) celles dont il n'y a pas long-temps qu'un homme inopinément frapé de la foudre ſe vit couvert, car on les luy vit ſecoüer de deſſus ſes habits avec la main, ſans ſe bruſler, ſe plaignant ſeulement qu'on luy avoit tiré un coup de piſtolet.

Il y a donc bien de l'apparence que la flamme du tonnerre de Lagni, eſtoit de ces exhalaiſons graſſes, pareilles à celles que je viens de décrire. En effet, ſi elle n'a pas bruſlé, elle a noirci, non-ſeulement la pierre de l'autel, à l'endroit par lequel elle l'a traverſée, comme nous l'avons déja remarqué; mais auſſi la dorure du quadre & du tabernacle en pluſieurs endroits: car on y voit des ondes noires, à peu prés comme ſi l'on y avoit paſſé la flamme d'une bougie pleine de poix-réſine, & ainſi, comme c'eſt là le neuviéme effet, on voit bien que le voilà à peu prés expliqué.

III. En effet, il n'y a qu'à dire que de ce peloton de flammes qui est tombé sur l'autel, une partie n'ayant pu passer par les fentes de la pierre, parce qu'elles ne se seront pas trouvées directement en son chemin; elle aura rejailli sur le tabernacle en diverses petites portions, lesquelles en voltigeant auront deû y laisser comme des traces de leur passage, par ces ondes noires qu'on y remarque. Car il est tres-naturel que les parties insensibles de ces petites flammes, les plus disposées à se convertir en fumée, se soient ralenties à la rencontre des parties froides de l'or bruni qui couvre le tabernacle: qu'elles s'y soient unies & épaissies, & qu'en cét estat elles y soient demeurées attachées. Cependant elles n'y tiennent pas si fort qu'on ne puisse, en le frotant avec un linge, en détacher quelque chose de fort gras; ce qui prouve encore sensiblement nostre conjecture sur la nature de la flamme de ce tonnerre.

IV. Il ne sera pas malaisé aprés cela de resoudre la question que l'on a proposée sur la fin du septiéme §. d'où vient que la flamme de ce tonnerre n'a pas bruslé les étoffes au-travers desquelles elle a passé, plûtost que de les déchirer.

Sur cela il n'y a qu'à répondre que les parties insensibles de cette flamme estoient trop délicates & avoient trop peu de solidité, pour pouvoir ébranler celles des corps durs qu'elles rencontroient.

V. Mais, dira-t-on, elles ont bien eû la force de déchirer ces étoffes pour se faire passage, pourquoy n'en auroient-elles pas eû assez pour les brusler, puis que la bruslure n'est qu'une espece de déchirement ?

Je répons qu'il faut mettre une grande difference entre l'action de tout un liquide sur un sujet, & l'action de chacune de ses parties insensibles prise en particulier : grande difference entre le mouvement direct & commun de tout un peloton de flammes contre un corps, & le mouvement singulier & circulaire de chacune de ses petites parties sur ce corps ; car c'est uniquement par le second, & nullement par le premier, que la flamme brusle. Elle brusle lors que chacune de ses petites parties piroûettant sur son centre, s'insinuë avec ce mouvement dans les pores des corps grossiers, & en ébranle d'abord les plus délicates parties qui servent ensuite à détacher les autres; mais pour cela, l'on voit bien qu'il est nécessaire que les parties de la flamme ayent quelque solidité & quelque roideur, ce que n'avoient pas celles de la flamme de nostre tonnerre.

Elle pouvoit encore bien moins brusler par le mouvement direct & commun de toutes ses parties, puisque les plus acres & les plus vives flammes peuvent bien rompre & briser par ce mouvement, mais non pas brusler. Et en effet, nous avons veû que la flamme du tonnerre de Soissons, qui estoit beaucoup plus vive & plus pénétrante que celle-cy, eût bien la force de briser des chevrons par sa chute, & par le mouvement commun de toutes ses parties, sans cependant en avoir bruslé la moindre alumette.

VI. Mais, repliquera-t-on : Si les parties insensibles de la flamme du tonnerre de Lagni avoient si peu de solidité, & estoient si délicates qu'elles passoient au-travers des pores des corps grossiers, sans pouvoir les ébranler, comment ont elles pû les déchirer?

C'eſt, encore un coup, que ce déchirement s'eſt fait par le mouvement commun de tout le peloton de flammes; & non pas par le mouvement particulier à chaque petite partie.

Je conviens encore qu'entre toutes ces parties il y en aura eû pluſieurs qui auront paſſé au travers des étoffes ſans avoir part à leur dechirement : parce qu'elles n'auront rencontré en leur chemin que des pores aſſez ouverts, pour ne leur faire nulle réſiſtance; mais toutes les autres qui auront rencontré les parties ſolides, auront deû conſpirer toutes enſemble à les forcer & à les dechirer.

VII. C'eſt ainſi que lors que le vent, qui n'eſt composé que de vapeurs extrémement rarefiées, vient à rencontrer les aîles d'un moulin; pendant que pluſieurs de ſes

ſes petites parties paſſent facilement au travers des petits trous que le tiſſu des filets de la toile laiſſe entr'eux, les autres donnant contre les parties ſolides de ces filets, les pouſſent avec tant de force, qu'elles les déchirent ſi les aîles ſont arreſtées ; ou ſi elles ſont mobiles, elles les font tourner violemment, & obligent de grandes meules à piroûëtter avec elles.

Il eſt donc tres-aiſé & tres-concevable que la flamme du tonnerre de Lagni ait dechiré du linge & de la ſerge, ſans les bruſler.

§. IX.

Explication du dixiéme effet.

I. COMME cét effet eſt de tous le plus ſurprenant, & que la cauſe n'en ſaute pas facilement aux yeux, j'avoûë qu'il m'a donné ſeul plus d'affaires que tous les autres car enfin, une eſpece d'imprimerie auſſi nouvelle que celle-là, ne paroiſt pas aiſée à expliquer; & il n'eſt pas facile de dire pourquoy un inſtrument, auſſi néceſſaire qu'une preſſe, s'appuyant également ſur tous les caractéres qu'il rencontre, n'en imprime qu'une partie, & laiſſe les autres, quoy-que meſlez avec les premiers, par un diſcernement dans lequel on a bien de la peine à ne pas trouver du deſſein, de l'intelligence & de la ſageſſe. J'ay donc heſité plus d'une fois à prendre parti. Je l'ay pris cependant par proviſion, en attendant quelque choſe de meilleur; & afin que l'on juge ſi je l'ay pris trop legerement, je ne rougiray pas de marquer icy mes tentatives, mes mépriſes, & enfin les divers pas qui m'ont conduit à la conjecture que j'ay formée.

II. Premiérement donc ne voulant me fier qu'à mes yeux de

ce qui est de leur ressort, je me rendis dans l'Eglise où le tonnerre estoit tombé; & les éclaircissemens que j'eûs de la veûë sensible des effets, me payérent bien de ma peine.

2° J'examinay avec beaucoup de soin la nouvelle impression sur la toile. Je la trouvay belle & nette, les lettres bien finies: mais l'encre un peu déchargée, je veux dire un peu pasle.

3° Comme Monsieur le Curé de Saint Sauveur (qui eût la bonté de me faire tout voir) m'assura que dans le moment de la chute du tonnerre, le triple carton, qui contenoit le canon de la Messe, estoit déployé entre le tapis & la nappe de l'autel, au-dessus de la pierre sur laquelle on consacre, & tellement renversé, que le costé imprimé portoit immediatement sur la nappe; je comparay l'impression du tonnerre avec celle des hommes, & je trouvay que ce n'estoit pas simplement le mesme caractere, mais aussi le mesme sens, le mesme discours, le mesme arrangement de mots, de lignes, de distances, de lettres grandes & petites : enfin le mesme ordre & la mesme disposition; avec cette seule difference que les lettres estoient renversées de droit à gauche; je veux dire que le costé, qui sur le carton, tenoit la droite, estoit à gauche sur la nappe: de sorte que l'on ne pouvoit facilement lire cét écrit, ou que par derriere au travers de la nappe, ou par l'entremise d'un miroir qui redressoit les lettres.

4° Enfin je remarquay que les paroles que le tonnerre n'avoit pas imprimées sur la nappe, & qu'il avoit omises, quoy-que meslées avec les autres; que ces paroles, dis-je, se trouvoient en lettres rouges sur le carton; & qu'en cela elles n'avoient esté ni plus privilegiées ni plus maltraitées que quelques autres traits qui ne signifient rien ; & lesquels estant en rouge sur le carton, ne se trouvoient point imprimez sur la nappe.

5°. J'avoûë néanmoins de bonne foy ce que l'on me fit remarquer, que la premiere lettre de ces paroles, *Qui pridie*, c'est-à-dire, le Q. qui estoit en rouge sur le carton, se trouvoit aussi ébauché en rouge sur la nappe : mais d'une maniere si superficielle & si peu formée, qu'il falloit sçavoir de quoy il s'agissoit, pour deviner que c'estoit un Q.

III. De quelque surprise que j'eusse esté frapé à la veûë d'un événement si nouveau, elle n'auroit pû tenir long-temps contre des éclaircissemens si instructifs ; & ils m'en dirent d'abord assez pour me faire comprendre que cette impression estoit parfaitement naturelle, quoy-que je ne visse pas encore bien distinctement toutes les causes qui y avoient eû part.

IV. Il me parut toûjours bien constant que l'une de ces causes devoit estre une application violente du carton sur la toile. Je me souvenois que lors que des relieurs battent violemment des feuïlles nouvellement imprimées, s'il se rencontre entr'elles quelque feuïlle de papier blanc, elle demeure imprimée des caractéres de celles qui la touchoient ; mais je jugeois aussi que cela n'arrive que parce que l'encre de ces feuïlles n'estant pas encore bien séche, & conservant quelque humidité, elle peut par un contact un peu violent se communiquer.

Je trouvois bien ce contact violent dans l'impression que le tonnerre fit sur la carte qui portoit le canon : mais il n'y avoit nulle apparence de prétendre que l'encre de ces caractéres n'eust pas eû le loisir de secher.

V. Pour lever donc cette difficulté, j'entray avec un homme de mérite, dans la pensée que le carton & la nappe d'autel devoient avoir contracté quelques vapeurs & quelque humidité, comme il arrive assez souvent aux meubles d'église; qu'ainsi la flamme du tonnerre traversant ce carton, avoit deû pousser ces vapeurs devant elle jusques sur les caractéres qui estoient de l'autre costé (à peu prés comme il arrive aux vapèurs engagées dans une planche verte, lors qu'on la presente au feu) & qu'enfin ces vapeurs ainsi ralliées sur ces caractéres auroient pû les humecter assez pour qu'ils pussent se communiquer à la nappe.

Et à l'égard des lettres rouges, je me disois que la raison par laquelle il ne leur en estoit pas arrivé autant, c'est que le vermillon dont il eſt compoſé, devoit eſtre beaucoup plus ſec & plus deſſechant que le noir qui entre dans l'encre des imprimeurs.

VI. Cependant, comme je me défiois un peu de cette conjecture, je ſongeay à m'en aſſeûrer par des épreuves: car je ne doutois nullement que ſi les choſes s'eſtoient paſſées comme je le ſoupçonnois, je ne puſſe parvenir à faire par art une pareille impreſſion ſur de la toile.

Je fis donc humecter un carton imprimé, j'en appliquay les caractéres immédiatement ſur une toile auſſi humectée; & enſuite, d'un fer chaud, plat & uni, je fis ſur le carton pluſieurs impreſſions aſſez fortes; mais quelque précaution que j'imaginaſſe & que j'apportaſſe, jamais rien ne s'imprima ſur la toile.

VII. Il n'en fallut pas davanta- pour me faire abandonner ma conjecture. Je me ſouvins alors que les parties de l'eau ſont fort differentes de celles de l'huile qui entre dans l'encre des Imprimeurs : que c'eſt ce qui fait que ces deux liqueurs ne ſçauroient ſe meſler ; & qu'ainſi j'avois beau faire paſſer de l'eau au travers de ces lettres, jamais elles n'enleveroient aſſez de teinture pour imprimer la nappe.

VIII. Cette mépriſe me fit prendre la réſolution de m'informer, avant toutes choſes, des drogues qui entrent dans l'encre & dans le rouge des Imprimeurs ; jugeant bien que c'eſtoit ſur cette connoiſſance que je devois découvrir les rapports que ces teintures pouvoient avoir eûs avec la flamme de noſtre tonnerre. J'écrivis donc, & voicy le mémoire qu'un Imprimeur expérimenté m'envoya.

L'encre de l'imprimerie eſt compoſée de noir de fumée, d'huile de noix ou de lin, avec de la téré-

benthine. Le rouge est composé de vermillon, des mesmes huiles & de térébenthine.

Mais parce que le vermillon est beaucoup plus acre que le noir de fumée, & seche aussi davantage; on n'y met que deux livres de térébenthine dans trois pintes d'huile; & pour le noir, on met quatre livres de térébenthine dans quatre pintes d'huile.

Je m'informay encore de quelques peintres, des qualitez du vermillon; & ils convinrent qu'il estoit extrémement sec & dessechant; ajoûtant qu'on l'employoit mesme pour faire secher les autres couleurs.

IX. Avec ces lumiéres & les diverses observations que j'avois faites sur la nature de la flamme de nostre tonnerre, je crus pouvoir parvenir à une conjecture plus solide que la premiere; & expliquer non-seulement *l'impression* des caractéres noirs, mais aussi la *suppression* des rouges ; & ainsi pour y aller plus seûrement, je crus me devoir faire divers degrez par les réflexions suivantes.

1° Que les corps liquides ne different des corps durs, qu'en ce que les parties insensibles des corps durs sont en repos les unes auprés des autres plus ou moins à proportion de leur dureté ; & que les parties insensibles des corps liquides sont dans l'agitation plus ou moins, à proportion de leur liquidité.

2° Que tout ce qui entre dans l'encre de l'imprimerie, est ou liquide, ou fort approchant du liquide : mais d'un liquide gras & gluant. Rien de plus gras que l'huile, rien de plus gluant que la térébenthine, rien de plus gras entre toutes les teintures que le noir de fumée.

3° Qu'il y a cette difference entre la maniére dont se sechent les corps durs abreuvez de diverses liqueurs : que si ces liqueurs sont de l'eau, du vin, ou autres semblables, les corps durs ne se sechent que par l'évaporation de ces liqueurs, & par le détachement successif de leurs parties insensibles qui s'estoient engagées dans leurs pores. Mais si ces liqueurs sont grasses & gluantes, comme de l'huile, de la térébenthine & autres semblables ; les corps durs se sechent par la fixation de la pluspart des parties insensibles de ces liqueurs, qui ne se lient pas simplement ensemble, mais qui s'attachent encore fortement aux corps durs.

La raison de cette difference vient de celle qui se trouve entre les parties des corps gras & gluans ; & celles des autres liqueurs, car les parties de l'eau, par exemple, estant unies & glissantes, elles ne s'engagent pas tellement entre les parties des corps durs,

durs, qu'elles ne puiſſent en eſtre dégagées par l'action d'une chaleur moderée : au lieu que les parties des liqueurs graſſes & gluantes eſtant branchuës & de figures propres à s'embaraſſer & à ſe lier, elles ſe lient effectivement entr'elles, & s'attachent ſi étroitement aux corps durs, qu'elles ſont en quelque façon corps avec eux, & qu'elles ne peuvent que tres-difficilement en eſtre détachées.

4° Qu'ainſi l'encre de l'imprimerie, lors qu'elle eſt ſeche, n'eſt qu'un compoſé de diverſes liqueurs graſſes, qui par les figures embaraſſantes de leurs parties ſe ſont figées & fixées ſur le papier, de maniere à former ſur ſa ſurface une eſpece d'écorce fort adhérente.

5° Que par conſequent pour rendre liquide l'encre d'un vieil imprimé, il n'y a qu'à trouver un diſſolvant propre à rendre aux parties de l'encre leur premiére agitation.

6° Que les parties des corps ſemblables, eſtant de figure ſemblable, s'ajuſtent mieux enſemble, & ſont plus propres à ſe lier & à convenir dans les meſmes mouvemens, que les parties de tous les autres ; & cecy eſt le vray fondement de tous les effets qu'on attribuë à la ſympathie & à l'antipathie.

7° Que l'exhalaiſon qui formoit la flamme du tonnerre de Lagni, eſtoit extrémement graſſe & huileuſe, comme on l'a fait voir dans le §. huitiéme ; mais que ſes parties eſtoient fort délicates, & dans une fort grande agitation, & par conſéquent d'une fort grande liquidité.

A peine eus-je fait ces réflexions, que je crus y voir aſſez nettement la cauſe de l'impreſſion des caracteres noirs ſur la nappe de l'autel ; & qu'il me parut que la flamme du tonnerre en estoit l'unique cause. Car enfin, disois-je, pour imprimer une nappe il ne faut que trois choses, 1. des caractéres, 2. de l'encre liquide dans ces caractéres, 3. une violente application des caractéres sur la nappe. Le carton imprimé renversé sur la nappe, nous fournit les caractéres teints d'une encre séche. L'effort dont la flamme se précipita sur le carton, nous donne l'application violente. Il ne reste donc plus que de rendre à l'encre seche sa premiére liquidité. Or je ne pouvois douter, & je ne doute point encore (quoyque je ne le donne que comme une conjecture) que

La flamme du tonnerre de Lagni n'ait esté par elle-mesme plus capable qu'aucune autre liqueur, de rendre à l'encre du carton assez de liquidité pour teindre la nappe de l'autel.

En voicy la preuve fondée sur les réflexions précedentes.

Preuve.

Pour rendre la liquidité à un corps qui l'a perduë, & qui s'est figé ou fixé sur un corps dur, il ne faut qu'un dissolvant propre à rendre à ses parties insensibles leur premiére agitation : puis que (par la premiére & la cinquiéme reflexion) la liquidité d'un corps ne consiste que dans l'agitation de ses parties insensibles.

Or, par la deuxiéme, troisiéme & quatriéme reflexion, l'encre d'un vieil imprimé, tel qu'estoit celle du carton, n'est qu'un composé de diverses liqueurs grasses tellement figées & fixées sur le papier, qu'elles n'ont plus de liquidité ; & la flamme du tonnerre de Lagni estoit un dissolvant plus propre qu'aucun autre corps, à rendre aux parties insensibles de cét encre leur premiére agitation.

Donc la flamme de nostre tonnerre estoit plus capable qu'aucune autre liqueur de rendre à l'encre du carton assez de liquidité pour teindre la nappe de l'autel.

La majeure de cét argument, & la premiere partie de la mineure portent leurs preuves avec elles. Voicy la preuve de la seconde partie.

Nul dissolvant n'est plus propre à rendre la premiére agitation à un corps qui a perdu sa liquidité, qu'un liquide de mesme nature, sur tout si ses parties sont assez subtiles & assez agitées pour aller fureter dans tous les recoins où celles du premier liquide se seroient engagées, & pour les en dégager. Puisque (par la sixiéme reflexion) les parties des corps semblables estant de figures semblables, sont plus propres, que celles de tous les autres corps, à se lier & à concourir dans les mesmes mouvemens.

Or, par la ſeptiéme réflexion, la matiére de la flamme de noſtre tonnerre eſtoit de meſme nature, que celle de l'encre: c'eſt-à-dire, graſſe & huileuſe; & ſes parties eſtoient fort délicates & fort agitées:

Donc nul diſſolvant n'eſtoit plus propre que cette flamme, à rendre aux parties inſenſibles de l'encre leur premiére agitation.

X I. Tout eſt prouvé dans cét argument, & je ne ſçay s'il ne pourroit point avoir force de démonſtration dans l'eſprit de bien des gens.

Et ainſi l'on voit que la flamme de noſtre tonnerre a fait preſque tous les frais de cette impreſſion.

1° Elle a fourni la preſſe par ſon irruption violente ſur le carton, & par le mouvement commun de toutes ſes parties.

2°. Elle a fourni le diſſolvant de l'encre, par la ſubtilité & l'agitation particuliére de ses parties insensibles.

3° Elle a mesme fourni une partie de cette encre, & augmenté la quantité de celle qui estoit sur le carton : plusieurs de ses parties les plus disposées au repos s'estant liées avec celles du carton, & estant allées avec elles se figer sur la nappe d'autel : car nous avons tantost remarqué que celles qui s'estoient ainsi figées sur la dorure du tabernacle, y avoient laissé une espece de teinture noire, qu'on peut bien regarder comme du noir de fumée.

XII. Voilà donc *l'impression* des caractéres noirs expliquée, ce me semble, d'une maniére assez simple & assez naturelle. Mais aussi ce n'est encore qu'une partie du mystere ; le capital est d'expliquer la *suppression* des lettres rouges : car c'est en cela sur tout, que l'on fait consister le merveilleux de cét événement; & l'on prétend que ce n'eſt que parce qu'elles formoient par leur aſſemblage les plus ſacrées paroles du canon, & nullement parce qu'elles eſtoient rouges, qu'elles ont eſté paſſées.

Mais ſans nous arreſter à tout ce que l'on pourroit ſi raiſonnablement oppoſer à cette prétention; ſi l'on ſe ſouvient de ce que nous avons dit auparavant, que le tonnerre a auſſi ſupprimé quelques traits rouges qui eſtoient ſur le carton, & qui conſtamment n'enfermoient nul myſtere; l'on verra bien qu'il n'en a cherché nul dans la ſuppreſſion du reſte, & ainſi je réduis tout ce que j'ay à dire ſur ce ſujet à ce ſimple raiſonnement.

Lors que l'on a une cauſe naturelle d'un effet qui paroiſt ſurprenant, il eſt contre les regles du bon ſens de recourir aux myſteres & aux miracles.

Or dans la compoſition du rouge d'imprimerie nous trouvons une raiſon fort naturelle de la *ſuppreſſion* de tout ce qui portoit cette couleur ſur le carton.

Il ſeroit donc contre le bon ſens de recourir aux myſtéres & aux miracles pour l'expliquer.

Et ainſi je m'en tiendray à expoſer cette raiſon le plus nettement qu'il me ſera poſſible.

Elle eſt toute compriſe dans la difference de la compoſition de l'encre & du rouge d'imprimerie, telle qu'on me l'a marquée cy-deſſus. La voicy.

1° L'huile & la térébenthine entrent dans l'encre. Elles entrent auſſi dans le rouge : juſques-là tout eſt égal.

2° Mais pour l'encre on met quatre livres de térébenthine dans quatre pintes d'huile. Et pour le rouge, on ne met que deux livres de térébenthine dans trois pintes d'huile : grande difference.

3° Enfin, pour l'encre on employe du noir de fumée; & ce noir est extrémement gras & huileux. Et pour le rouge on se sert de vermillon; & le vermillon est extrémemnt sec, acre, pesant, & dessechant.

Y a-t il rien de plus different, & faut-il chercher ailleurs que dans ces differences, la raison de *l'impression* des caractéres noirs par la flamme de nostre tonnerre, & de la *suppression* des caractéres rouges ?

Toute la raison donc est, qu'à cause de ces différentes dispositions, cette flamme a trouvé facilité de rendre à l'encre sa liquidité; & qu'elle n'en a point trouvé de la rendre au rouge; & voicy comment.

Cette flamme estoit un dissolvant fort gras & fort huileux, comme nous l'avons remarqué. Elle a trouvé dans l'encre deux fois plus de matiéres huileuses &

gluantes que dans le rouge. Au contraire elle a trouvé dans le rouge deux fois plus de secheresse que dans l'encre : quelle merveille donc qu'elle ait pû dissoudre l'une & non pas l'autre ? quelle merveille qu'elle n'ait pas pû dégager le peu de parties huileuses qui estoient comme ensevelies sous le poids & la solidité du vermillon ; ou du moins qu'elle n'en ait pas pû dégager un assez grand nombre, pour luy redonner assez de liquidité ; & qu'elle en ait dégagé assez dans l'encre, qui n'est presque qu'un tas de parties grasses & huileuses, lesquelles en cét estat, n'ont presque pas d'autre obstacle au mouvement, que celuy qu'elles se sont fait elles-mesmes, en s'embarassant les unes dans les autres ? Voilà donc, ce me semble tout le mystére expliqué sans grand mystere.

Mais il y en a encore un que

ſ'on ne me pardonneroit pas d'avoir paſſé : c'eſt l'expreſſion de la premiére lettre de ces paroles, *Qui pridie*, &c. mais en verité elle eſtoit ſi peu marquée, que comme je l'ay déja dit, il falloit ſçavoir à quoy elle avoit rapport, pour la deviner, & de plus le peu de rouge qui paroiſſoit eſtoit ſi ſuperficiel, que cela ne mériteroit pas qu'on s'y arreſtaſt. Voicy cependant la raiſon que j'en imagine.

Cette lettre eſtoit initiale & à la teſte de toute une page. Il n'en faut pas davantage pour faire juger qu'elle devoit donc eſtre beaucoup plus grande que les autres, & que ſes traits devoient eſtre plus gros, plus marquez & plus chargez de rouge. Il a donc pû ſe faire que la flamme du tonnerre traverſant cette lettre, aura rallié aſſez de parties huileuſes pour porter quelque legere teinture ſur la nappe : ce qui ne ſera pas arrivé

rivé aux autres lettres : parce qu'elles estoient moins chargées de rouge.

Conclusion.

Au reste il importe fort peu que ces effets soient arrivez précisément par les causes que j'ay alleguées, ou par d'autres semblables : il me suffit que l'on voye une liaison possible entre ces effets & ces causes, & qu'on reconnoisse qu'ils auroient pû arriver par ces seules voyes ; car c'en est assez pour détourner tout ce qu'il y a de gens raisonnables, de recourir aux Intelligences bonnes ou mauvaises, pour l'explication de ces effets.

D'autres pourront à cette fin former des hypotheses plus justes & plus approchantes de la vérité, & je le verray avec plaisir. Il est bon qu'on en forme plusieurs, pourveû qu'elles soient physiques : car il faut comme accabler d'évidence les ſuperſtitieux, pour les faire revenir de cét eſprit de myſtere, qui leur en fait chercher & trouver juſques dans les choſes les plus naturelles.

Les conjectures que je viens de donner, quelles qu'elles ſoient, peuvent toûjours ſervir à faire voir que ſi ces grands & ces extraordinaires évenemens eſtoient éclairez de prés, & qu'on euſt ſoin d'en retrancher tout ce que l'eſprit de ſuperſtition & la paſſion pour les miracles prennent plaiſir à outrer, & d'y ajoûter tout ce que la négligence & l'inadvertence des obſervateurs laiſſe malheureuſement échaper; il y auroit peu d'effets dont on ne puſt rendre des raiſons aſſez claires; & l'on delivreroit le monde, non-ſeulement de mille phantômes effrayans qu'on ſe forme à la veûë de ces évenemens; mais auſſi de mille faſcheux ombrages, mille ridicules ſoupçons, mille terreurs paniques, & mille craintes ſur l'avenir dont on ſe ſent agité malgré ſoy.

FIN.

Permiſſion.

PERMIS d'imprimer. Fait ce dix-ſeptiéme jour de Février. 1689.

DE LA REYNIE.

www.ingramcontent.com/pod-product-compliance
Ingram Content Group UK Ltd.
Pitfield, Milton Keynes, MK11 3LW, UK
UKHW012024240726
13965UKWH00002B/551

9 782013 050692